U0033329

莉雅的
法式甜點教室

One Pan & Mixing Bowl Desserts

莉雅 Leah Huh　著

我是莉雅 Leah Huh

熱愛我的工作，熱愛廚房裡的一切。

 ![]

莉雅美學食光
Leah Huh

🍰 著作

《翻轉烘焙教室！2 種麵糰 & 2 種麵糊玩出百變甜點》

全台唯一烘焙書，只需兩個基本麵團與兩個基本麵糊，
卻做出一百種不同甜點，翻轉大家對於一個甜點就需要
一個配方的概念。

🍰 證照

法國藍帶廚藝學院 Le Cordon Bleu
西點初 / 中 / 高級證書
美國 Wilton 蛋糕裝飾證書
英國 PME Arts and Crafts 蛋糕裝飾證書

🍰 學歷與得獎經驗

輔仁大學英美文學碩士

2014 年 地瓜鳳梨馬卡龍入選台中市優質特色伴手禮
2019 年 韓國 Artisan Festival 國際比賽翻糖金牌
2019 年 馬來西亞世界廚師比賽翻糖金牌
2019 年 馬來西亞世界廚師比賽亞洲創意甜點銅牌

作者序

　　繼上一本食譜書，以食材為出發，創造出只要 2 種麵糰與 2 種麵糊能做百樣變化，讓所有愛好烘焙者，容易上手好操作。

　　這本書維持一樣的初衷，以烘焙使用器具為出發，創造出只要有一個平底鍋與一個攪拌鍋就可以做出書中 70 款甜點，有餅乾、小西點、蛋糕與糖果等。

書中按照使用器具分成 3 大部分：
1. 第一部分為平底鍋甜點，只要一個平底鍋就能做出 QQ 軟糖、生巧克力、堅果棒、法式水果軟糖與夏威夷豆軟糖等。
2. 第二部分為攪拌鍋甜點，只要有一個攪拌鍋就能做出司康、餅乾、馬德蕾、費南雪、鳳梨酥、蛋黃酥與千層派等。
3. 第三部分，同時運用一個平底鍋與一個攪拌鍋就能做出烤布蕾、舒芙蕾、可麗露，法式棉花糖與牛軋糖。

　　除此之外，每一個部分的食譜不僅圖文淺顯易懂，還按照製做品項的難易度來編排，幫助讀者以循序漸進的方式踏入烘焙的樂園。
　　最後特別感謝一直以來支持我的讀者，朋友，家人，上優出版社與各大廠商們慷慨提供拍攝所需的食材與器具：三能器具股份有限公司，台灣原貿股份有限公司，萬記貿易有限公司與鴻元生技股份有限公司（以上依第一個字筆畫順序列出）。

將此書獻給所有喜好烘焙者，願你們幸福的手作甜點能傳遞更遠更久。

Contents

目錄

一個平底鍋 Pot & Pan

一個攪拌鍋 Mixing bowl

一個平底鍋 + 一個攪拌鍋
Pan & Pot + Mixing bowl

器材 *Appliance*

模具

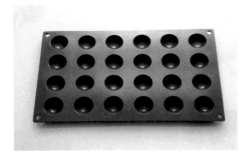

直徑 3 公分、半圓形、24 孔矽膠模

18×18 公分、正方形慕斯框、SN3307

2.5 斤糖果盤

4.5×4.5 公分、
正方形鳳梨酥圈模、SN3752

長形鳳梨圈模

單顆、費南雪模具、SN61545

unopan 8 入連模、馬德蕾模具

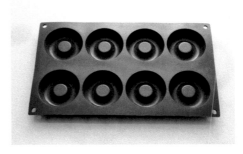

8 入連模、矽膠甜甜圈模具

12 入、白色戀人模具

直徑 3 公分、半圓形、24 孔連模、
SN9107

直徑 5 公分、慕斯框、SN3473

直徑 9 公分、深 5 公分、烤盅

10×6×3.5 公分、
unopan 小長條蛋糕模具

6×6×6 公分、正方形模具、
SN2179

不沾可麗露模具

4 吋蛋糕固定模、SN5003

平底鍋 (小)

平底鍋 (大)

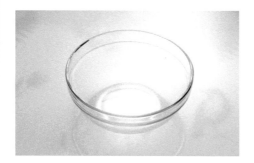

攪拌鍋 （小）

攪拌鍋 （大）

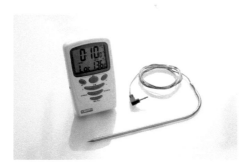

烘焙用電子溫度計

擠花袋

unopan 耐熱刮刀

unopan 耐熱刮板

unopan 糖刀

unopan 手持攪拌機

unopan 矽膠耐熱烤墊

unopan 烤盤

unopan 烤箱

食材 *Materials*

調溫巧克力 *chocolate*

Domori
調溫牛奶巧克力

Domori
調溫白巧克力

Domori
調溫苦甜巧克力

果泥 *fruit puree*

草莓果泥、百香果泥、芒果果泥、荔枝果泥、黑醋栗果泥、覆盆莓果泥

糖漿 *syrup*

| 蔓越莓糖漿 | 草莓糖漿 | 玫瑰糖漿 | 覆盆莓濃縮糖漿 |

粉 *powder*

白美娜奶粉

卡羅蛋白霜粉

采鴻天然紅麴色粉

采鴻天然黃梔子色粉

采鴻天然梔子紅色粉

CREA 可可粉

日本丸山靜岡抹茶粉

日本焙茶粉

即溶咖啡粉

草莓粉

黃金番薯地瓜粉

黎麥粉

其他 *others*

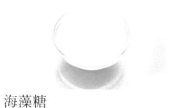

海藻糖

檸檬酸

透明麥芽

馬沙拉酒

白美娜濃縮牛乳

巴薩米可醋

赤藻糖醇

法國 grand fernage
片狀奶油

樂寶無鹽奶油

15

餡料 *Filling*

萬用南棗餡

材料 (g)

去籽黑棗	150
去籽紅棗	100
細砂糖	120
透明麥芽	60
無水奶油	100
糯米粉	50

1　糯米粉微波 5 分鐘或放入烤箱上下火 100℃，烤 15 分鐘，取出放涼備用

2　紅棗、南棗清洗乾淨，放入鍋中加入 5 倍量的水，煮至成軟爛泥狀，如果鍋內沒有水了要隨時加水。

3　濾掉多餘水分，將紅棗、南棗泥過篩去皮。

4　將棗泥放入豆漿布，擠出多餘水份。

5　在一平底鍋加入棗泥、細砂糖、透明麥芽、無水奶油，慢慢炒至成團，再加入糯米粉，炒完約 500g。

6　放涼即可以使用，冷藏保存約 1 週，冷凍約一個月。

萬用紅豆餡

材料 (g)

生紅豆	150
透明麥芽	60
細砂糖	120
無水奶油	50

1　生紅豆加水至全部浸泡在水中，泡水約 6 ～ 8 小時紅豆大小約兩倍大，將水濾掉。

2　在湯鍋放入紅豆、3 倍水，中小火煮到紅豆軟爛，濾掉多餘水分。

3　在果汁機中放入紅豆與少許的水將紅豆打成紅豆沙。

4　準備豆漿布放入打完的紅豆沙，擠出多餘的水分。

5　在平底鍋中放入紅豆沙、透明麥芽、細砂糖炒至成團，再加入無水奶油拌勻，炒好應該像麻糬一樣成團。

6　放涼即可以使用，冷藏保存約 1 週，冷凍約一個月。

金鑽鳳梨餡

材料 (g)

材料	份量
去皮鳳梨絲	500
細砂糖	90
透明麥芽	100
無水奶油	10

1 鳳梨絲、細砂糖、透明麥芽放入鍋中，中小火慢慢熬煮至成團。

2 再加入無水奶油拌勻，炒好應該像麻糬一樣成團。

3 放涼即可以使用，冷藏保存約 2 週，冷凍約一個月。

檸檬鳳梨餡

材料 (g)

材料	份量
去皮鳳梨絲	500
細砂糖	90
透明麥芽	100
無水奶油	10
檸檬汁	50
檸檬皮	1 顆

1 鳳梨絲、細砂糖、透明麥芽放入鍋中，中小火慢慢熬煮至成團。

2 再加入無水奶油、檸檬汁、檸檬皮拌勻，炒好應該像麻糬一樣成團。

3 放涼即可以使用，冷藏保存約 2 週，冷凍約一個月。

一個平底鍋
Pan & Pot

草莓 QQ
Strawberry Jelly

製作 QQ 軟糖的想法，是來自於我每次去便利店都會在架上看到好多不同水果的軟糖，偶爾嘴饞就會想要買來吃，最常買的口味就是酸甜的草莓口味，其實做這類的軟 Q 糖很簡單，所以就想把這類食譜分享給大家，如此一來，大家也可以在家製作出美味的 QQ 軟糖哦！

材料 (g)

草莓果漿	100
飲用水	60
吉利丁粉	30

事 先 準 備

✔ 1 個直徑 3 公分的半圓形、24 孔、矽膠模 (其他種類矽膠模也可以哦)。

Leah 的貼心小提醒

◆ 使用草莓糖漿是因為草莓味比較重，如果要使用果汁，可以參考『P.023 百香 QQ』就是使用果汁製作。

◆ 吉利丁粉是葷食，不適合素食者食用。

◆ 吉利丁粉的量可以換成 15 片吉利丁片。若使用吉利丁片，則泡入冰水 5 分鐘，擰乾水份即可使用。

◆ 作法改成：在平底鍋中放入果漿與飲用水，小火煮至微滾離火，加入泡過水的吉利丁片，攪拌至融化倒入矽膠模中，放置冷凍 30 分鐘至凝固即可脫模食用。

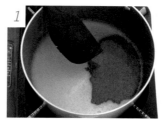

1

在平底鍋放入草莓糖漿、飲用水、吉利丁粉。

2

攪拌均勻，靜置 5 分鐘。

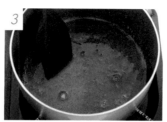

3

上爐，開小火，煮至融化。

4

倒入準備好的矽膠模中。

5

放置冷凍 30 分鐘至凝固，即可脫模食用。

✂ 直徑 3 公分半圓球、24 顆　　🍽 常溫約 7 天

百香 QQ
Passion Fruit Jelly

因為水果果汁取得比水果糖漿來的容易,所以才會設計這個用果汁製作的 QQ 糖,食譜中的百香果汁也可以同等量換成其他水果果汁,如此一來就可以做成各種口味的水果 QQ !

材料（g）

百香果汁	115
吉利丁粉	30
細砂糖	45

事 先 準 備

✔ 1 個直徑 3 公分的半圓形、24 孔、矽膠模（其他種類矽膠模也可以哦）。

1 在平底鍋放入百香果汁、吉利丁粉。

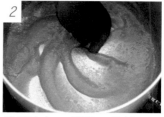

2 攪拌均勻，靜置 5 分鐘。

3 加入細砂糖，再開小火煮至融化。

4 倒入準備好的矽膠模中。

5 放置冷凍 30 分鐘至凝固，即可脫模食用。

 Leah 的貼心小提醒

◆ 吉利丁粉是葷食，不適合素食者食用。

吉利丁粉的量可以換成 15 片吉利丁片。若使用吉利丁片，則泡入冰水 5 分鐘，擰乾水份即可使用。

◆ 作法改成：在平底鍋中放入果漿與飲用水，小火煮至微滾離火，加入泡過水的吉利丁片，攪拌至融化倒入矽膠模中，放置冷凍 30 分鐘至凝固即可脫模食用。

珍珠 QQ
Bubble Tea Jelly

日本出了一款珍珠軟糖實在太火紅，連台灣都有代購，可見珍珠奶茶的魅力實在太大！
因此我才想研發在家也能做出的珍珠軟糖！

材料 (g)

飲用水	115
吉利丁粉	30
黑糖	45
黑糖糖漿 (如果沒有，可以省略)	5

事 先 準 備

✔ 1 個直徑 3 公分的半圓形、24 孔、矽膠模 (其他種類矽膠模也可以哦)。

1 在平底鍋放入飲用水、吉利丁粉拌勻，靜置 5 分鐘。

2 加入黑糖、黑糖糖漿。

3 再開小火煮至融化。

4 倒入準備好的矽膠模中。

5 放置冷凍 30 分鐘至凝固，即可脫模食用。

Leah 的貼心小提醒

◆ 吉利丁粉是葷食，不適合素食者食用。

吉利丁粉的量可以換成 15 片吉利丁片。若使用吉利丁片，則泡入冰水 5 分鐘，擰乾水份即可使用。

◆ 作法改成：在平底鍋中放入果漿與飲用水，小火煮至微滾離火，加入泡過水的吉利丁片，攪拌至融化倒入矽膠模中，放置冷凍 30 分鐘至凝固即可脫模食用。

一個平底鍋 ｜ 難易度 ★☆☆ ｜ 珍珠 QQ

✄ 3×3 公分正方形、36 塊   ⌒ 冷藏約 15 天

貝禮詩拿鐵咖啡生巧克力
Baileys Coffee Latte Ganache

想到做這款生巧克力是因為，我每次去咖啡廳看到貝禮詩拿鐵咖啡都會忍不住想點來
喝，尤其在冷颼颼的天裡，喝上一杯暖呼呼的、溫暖的、有著貝禮詩香甜奶酒香味的
拿鐵就覺得好幸福！將這口味加上巧克力設計成生巧克力，就更幸福了！

製作生巧克力很重要的一點，使用高品質的巧克力就已經成功一半，而書中的三款生
巧克力都是使用義大利精品 Domori 的巧克力來製作，請大家製作生巧克力時盡量找
最優質的巧克力來製作哦～

材料 (g)	
動物性鮮奶油	180
透明麥芽	25
即溶咖啡粉	10
Domori 調溫苦甜巧克力	220
無鹽奶油	45
貝禮詩奶酒	10

裝飾 (g)	
防潮可可粉	20

事 先 準 備

✔ 1 個 18×18cm 正方形慕斯框 (SN3307)、1 個耐熱烤墊。

✔ 無鹽奶油切小塊，放置室溫回軟。

1 在平底鍋放入動物性鮮奶油、透明麥芽、即溶咖啡粉煮至微滾、離火。

2 倒入 Domori 調溫苦甜巧克力燜 5 分鐘。

3 拌勻至不燙。

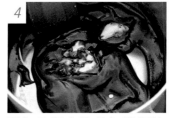

4 再加入切小塊的無鹽奶油拌勻。

5 最後拌入貝禮詩奶酒。

6 倒入模具，冷凍 1 小時或冷藏 1 晚，脫模撒上防潮可可粉、切塊。

 Leah 的貼心小提醒

◆ 奶酒可以換成其他酒類或省略也可以。

◆ 即溶咖啡粉的份量，可以隨個人喜好咖啡味濃淡來增加或減少。

◆ 不放酒與咖啡粉就可以做成原味的生巧克力。

一個平底鍋 ｜ 難易度 ★☆☆ ｜ 貝禮詩拿鐵咖啡生巧克力

✂ 3×3 公分正方形、36 塊　　🍽 冷藏約 15 天

抹茶芝麻生巧克力
Matcha Black Sesame Ganache

抹茶生巧克力是去東京必買的伴手禮,這個配方不要放芝麻粉就可以做成抹茶生巧克力,我靈機一動加上台灣口味的黑芝麻粉,變成獨一無二的芝麻抹茶生巧克力,抹茶的苦味與芝麻的香氣其實是很契合的。

材料（g）

材料	g
動物性鮮奶油	110
透明麥芽	25
日本丸山 靜岡抹茶粉	15
無糖黑芝麻粉	15
Domori 調溫白巧克力	340

裝飾（g）

裝飾	g
防潮抹茶粉	20

事　先　準　備

✔ 1個 18×18cm 正方形慕斯框 (SN3307)、1個耐熱烤墊。

✔ 日本丸山靜岡抹茶粉過篩。

 Leah 的貼心小提醒

◆ 只加抹茶粉不加芝麻粉，就可以做成抹茶生巧克力；
　只加芝麻粉不加抹茶粉，就可以做成芝麻生巧克力。

◆ 抹茶粉與芝麻粉的份量，可以隨個人喜好濃淡來增加
　或減少。

◆ 調溫巧克力的風味比非調溫巧克力好太多太多。

1

在平底鍋放入動物性鮮奶油、透明麥芽、日本丸山靜岡抹茶粉、無糖黑芝麻粉。

2

攪拌均勻煮至微滾、離火。

3

倒入 Domori 調溫白巧克力燜 5 分鐘後拌勻。

4

倒入模具，冷凍 1 小時或冷藏 1 晚，脫模撒上防潮抹茶粉、切塊。

一個平底鍋｜難易度 ★☆☆｜抹茶芝麻生巧克力

地瓜生巧克力
Sweet Potato Ganache

這道巧克力使用的地瓜粉不是超市中常見的白色粉末，而是真正用台灣在地黃地瓜製成的黃色粉末，可以直接加入牛奶裡沖泡飲用。這種地瓜粉可以在烘焙材料行中買到，但因為地瓜粉的顏色是很淡很淡的黃色，所以會在食譜中添加從天然黃梔子中取出的植物色粉，來增添色彩。

材料 (g)

動物性鮮奶油	110
透明麥芽	25
黃金番薯地瓜粉	30
采鴻天然黃梔子色粉 (可省略)	3
Domori 調溫白巧克力	340

事　先　準　備

✓ 1 個 18×18cm 正方形慕斯框 (SN3307)、1 個耐熱烤墊。

1 在平底鍋放入動物性鮮奶油、透明麥芽、黃金番薯地瓜粉、天然黃梔子色粉。

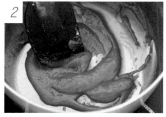

2 攪拌均勻煮至微滾、離火。

3 倒入 Domori 調溫白巧克力。

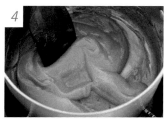

4 燜 5 分鐘後拌勻。

5 倒入模具，冷凍 1 小時或冷藏 1 晚，脫模、切塊。

 Leah 的貼心小提醒

◆ 黃金番薯地瓜粉的份量，可以隨個人喜好濃淡來增加或減少。

◆ 調溫巧克力的風味比非調溫巧克力好太多太多。

✄ 約 400g 杏仁糖　　🔔 常溫約 15 天

抹茶杏仁果
Matcha Flavored Almonds

這款甜點的材料實在簡單到不行，其實就是將堅果裹上一層風味糖衣，既簡單又好吃！
食譜中的抹茶粉換成 12g 的可可粉就可以做成巧克力口味，杏仁果也可以換成其他堅
果類，例如：夏威夷豆。

材料 (g)	
細砂糖	120
鹽	2
飲用水	40
日本丸山靜岡抹茶粉	8
杏仁粒	300

事先準備

✔ 1 支烘焙用電子溫度計。

✔ 杏仁粒用上下火 160℃烘烤 30 分鐘，至有香氣且裡面熟透呈黃色，放在 100℃烤箱保溫。

✔ 日本丸山靜岡抹茶粉過篩。

1 在平底鍋放入細砂糖、鹽、飲用水。

2 煮至 120℃（小心不要煮到糖漿變黃色，變黃色就是溫度太高）。

3 120℃糖漿離火。

4 加入日本丸山靜岡抹茶粉。

5 加入杏仁粒，快速攪拌至出現翻砂狀。

6 每個杏仁粒都裹上一層霧面的抹茶糖粒，倒在桌上放涼即可。

Leah 的貼心小提醒

◆ 杏仁糖最怕潮濕，所以一定要常溫密封保存。

✂ 約 400g 杏仁糖　　🛎 常溫約 15 天

焦糖杏仁果
Caramel Flavored Almonds

我曾經在一間法式甜點店上班，主廚是法籍藍帶學校的老師，我跟著他學習，當時我一吃到這焦糖杏仁就非常喜歡，但因為現代人不愛吃太甜的甜點，所以這食譜是我後來改良過的版本。

材料 (g)

材料	重量
細砂糖	100
鹽	2
飲用水	30
杏仁粒	300
無鹽奶油	15

事 先 準 備

- ✓ 1 支烘焙用電子溫度計、1 個耐熱烤墊。

- ✓ 杏仁粒用上下火 160℃烘烤 30 分鐘,至有香氣且裡面熟透呈黃色,放在 100℃烤箱保溫。

1

在平底鍋放入細砂糖、鹽、飲用水。

2

煮至 120℃(小心不要煮到糖漿變黃色,變黃色就是溫度太高)。

3

加入杏仁粒,快速攪拌至出現翻砂狀,每個杏仁粒都裹上霧面白色糖粒。

4

再開小火不斷攪拌,煮至糖粒融化,熄火。

5

加入無鹽奶油拌至融化。

6

倒在耐熱烤墊上,趁熱一顆顆分開,冷了就分不開了,待冷卻。

 Leah 的貼心小提醒

- ◆ 杏仁糖最怕潮濕,所以一定要常溫密封保存。

一個平底鍋 | 難易度 ★☆☆ | 焦糖杏仁果

✂ 約 400g 杏仁糖　　🍽 常溫約 15 天

草莓杏仁果
Strawberry Flavored Almonds

草莓杏仁果是所有杏仁果糖中最不好製作的,因為加入草莓果泥會非常不容易翻砂,
要翻炒非常久。如果要容易製作,可以捨棄草莓果泥,在食譜中多增加 10g 飲用水,
參考抹茶杏仁果的製作方法直接煮糖至 120℃加入草莓粉與杏仁果翻炒。

材料 (g)	
細砂糖	120
草莓果泥	10
飲用水	30
草莓粉	12
杏仁粒	300

事 先 準 備

✔ 1 支烘焙用電子溫度計。

✔ 杏仁粒用上下火 160°C烘烤 30 分鐘，至有香氣且裡面熟 透呈黃色，放在 100°C烤箱 保溫。

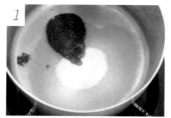
在平底鍋放入細砂糖、草莓 果泥、飲用水。

煮至 120°C（小心不要煮到 糖漿變黃色，變黃色就是溫 度太高）。

120°C時糖漿離火。

加入草莓粉。

加入杏仁粒，快速攪拌至出 現翻砂狀。

每個杏仁粒都裹上一層霧面 的粉色糖霜，倒在桌上放涼 即可。

Leah 的貼心小提醒

◆ 杏仁糖最怕潮濕，所以一定 要常溫密封保存。

◆ 草莓粉也可以換成其他風味粉。

一個平底鍋 ｜ 難易度 ★☆☆ ｜ 草莓杏仁果

✂ 1500g 堅果糖酥　　⌂ 常溫約 15 天

綜合堅果糖酥
Mixed Nut Candy Bar

這是一個含有很多堅果的 Candy Bar，作法不難只要將糖漿煮到一定溫度倒入堅果，迅速攪拌讓堅果沾上糖漿再倒出即可，如果 Candy Bar 不成形會散掉或是不夠酥，有可能是 1. 溫度不夠、2. 沒有迅速攪拌以致堅果沒有充分沾上糖漿所以黏不起來。

材料（g）

細砂糖	220
水	75
鹽	5
透明麥芽	170
核桃	450
腰果	225
杏仁粒	225
無鹽奶油	20

事 先 準 備

✔ 1 支烘焙用電子溫度計、1 個 2.5 斤糖果盤，放上已噴烤盤油的耐熱塑膠袋。

✔ 核桃、腰果、杏仁粒用上下火 160°C 烘烤 30 分鐘，至有香氣且裡面熟透呈黃色，放在 100°C 烤箱保溫。

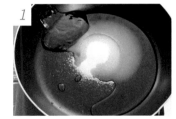

1 在平底鍋放入細砂糖、水、鹽、麥芽。

2 煮至 138°C 糖漿離火（小心不要煮到糖漿變黃色，變黃色就是溫度太高）。

3 加入核桃、腰果、杏仁粒，快速攪拌讓堅果都沾上糖漿。

4 再加入無鹽奶油快速攪拌。

5 趁熱倒在耐熱塑膠袋，再放入糖果盤中擀平。

6 放至微溫時切塊，放涼即可。

 Leah 的貼心小提醒

◆ 糖酥最怕潮濕，所以一定要放涼，常溫密封保存。

◆ 堅果可以同等量自行換成喜愛的堅果。

39

✂ 1500g 堅果糖酥　🛎 常溫約 15 天

杏仁糖棒
Almond Candy Bar

跟前面的堅果棒食譜比起來，這個食譜多增加了黑糖，是因為黑糖有一股蔗糖香氣我很喜歡，如果手邊沒有黑糖，可以將黑糖等量換成細砂糖，跟其他細砂糖放一起即可。

材料 (g)	
細砂糖	180
水	75
鹽	5
透明麥芽	170
黑糖	45
杏仁片	750
熟黑芝麻粒	75
無鹽奶油	20

事 先 準 備

✔ 1 支烘焙用電子溫度計、1 個 2.5 斤糖果盤，放上已噴烤盤油的耐熱塑膠袋。

✔ 杏仁片用上下火 160℃烘烤 15 ～ 20 分鐘，至有香氣且熟透呈黃色，再與熟黑芝麻粒一起放在100℃烤箱保溫。

 Leah 的貼心小提醒

◆ 糖酥最怕潮濕，所以一定要放涼，常溫密封保存。

在平底鍋放入細砂糖、水、鹽、透明麥芽，煮至 120℃。

再加入黑糖煮到 138℃（小心不要煮到燒焦）。

138℃糖漿離火，趕快加入杏仁片、熟黑芝麻粒。

再加入無鹽奶油快速攪拌。

趁熱倒在耐熱塑膠袋，再放入糖果盤中擀平。

放至微溫時切塊，放涼即可。

✂ 3×3 公分正方形、36 塊　　　🔔 冷藏約 15 天

夏季熱帶水果軟糖
Tropical Fruit Jelly

煮水果軟糖需要使用水果果糖專用果膠粉，這種果膠粉的特性是凝固之後不會像吉利丁那麼硬 Q，會有軟 Q 軟 Q 的口感。果膠粉的使用方法是先要跟少量細砂糖充分混合均勻，冷鍋時加入。我將三種代表熱帶的水果，百香果、芒果、鳳梨一起煮進水果軟糖裡，獨具豐富風味！

材料（g）	
百香果泥	60
芒果果泥	60
鳳梨汁	60
細砂糖①	50
果膠粉	10
海藻糖	70
細砂糖②	100
透明麥芽	60
檸檬酸	5

裝飾（g）	
細砂糖	200

事 先 準 備

✔ 1 支烘焙用電子溫度計、1 個 18×18cm 正方形慕斯框 (SN3307)、1 個耐熱烤墊。

✔ 慕斯框先噴烤盤油備用，下面墊已噴油的耐熱烤墊。

✔ 細砂糖①、果膠粉先混合備用。

 Leah 的貼心小提醒

◆ 沾糖後的水果軟糖最怕潮濕，所以一定要冷藏密封保存。

◆ 海藻糖的用意是要降低甜度，如果沒有海藻糖可以等量換成細砂糖。

1 在平底鍋放入百香果泥、芒果果泥、鳳梨汁、果膠糖粉煮滾。

2 加入海藻糖、細砂糖②、透明麥芽。

3 放入溫度計，中火煮到 104 ～ 105℃熄火。

4 再加入檸檬酸拌勻至不冒煙。

5 倒在模具中鋪平，放涼後沾上細砂糖裝飾，切塊即可食用。

奇異果水果軟糖
Kiwi Fruit Jelly

水果軟糖中我都有使用海藻糖的原因是 1. 海藻糖比較健康、2. 海藻糖的甜度為細砂糖的 6 ～ 7 成而已，所以比較符合現在人低糖的需求，海藻糖在一般烘焙材料行都可以買到，如果沒有海藻糖也可以直接換成等量的細砂糖和其他細砂糖放在一起即可。

材料 (g)	
奇異果 (去皮)	120
	(約 1 顆)
飲用水	100
細砂糖①	50
果膠粉	10
海藻糖	70
細砂糖②	100
透明麥芽	60
檸檬酸	5

裝飾 (g)	
細砂糖	200

事 先 準 備

✔ 1 支烘焙用電子溫度計、1 個 18×18cm 正方形慕斯框 (SN3307)、1 個耐熱烤墊。

✔ 慕斯框先噴烤盤油備用，下面墊已噴油的耐熱烤墊。

✔ 細砂糖①、果膠粉先混合備用。

Leah 的貼心小提醒

◆ 沾糖後的水果軟糖最怕潮濕，所以一定要冷藏密封保存。

◆ 海藻糖的用意是要降低甜度，如果沒有海藻糖可以等量換成細砂糖。

1 使用果汁機將奇異果、飲用水打均勻。

2 在平底鍋放入奇異果汁 [作法 1]、果膠糖粉煮滾。

3 加入海藻糖、細砂糖②、透明麥芽。

4 放入溫度計，中火煮到 105 ～ 106℃熄火。

5 再加入檸檬酸拌勻至不冒煙。

6 倒在模具中鋪平，放涼後沾上細砂糖裝飾，切塊即可食用。

一個平底鍋 ─ 難易度 ★★☆ ─ 奇異果水果軟糖

✂ 3×3 公分正方形、36 塊　　⌂ 冷藏約 15 天

草莓巴薩米可醋水果軟糖
Strawberry & Balsamic Vinegar Fruit Jelly

巴薩米可醋 Balsamic 或稱香醋，是義大利人家中常見的調味品，由葡萄長時間釀製
而成，品質好的醋會酸中帶甘，吃了會回甘，在大型超級市場都可以找到它的蹤跡，
如果手邊沒有香醋也可以直接省略作成草莓水果軟糖。

材料 (g)	
草莓果泥	180
細砂糖①	50
果膠粉	8
海藻糖	70
細砂糖②	100
透明麥芽	60
黑胡椒粒	1
巴薩米可醋	10
檸檬酸	5

裝飾 (g)	
細砂糖	200

1 在平底鍋放入草莓果泥、果膠糖粉煮滾。

2 加入海藻糖、細砂糖②、透明麥芽、黑胡椒粒，放入溫度計，中火煮到 101℃。

3 再加入巴薩米可醋煮到 102℃。

4 熄火加入檸檬酸拌勻至不冒煙。

5 倒在模具中鋪平，放涼後沾上細砂糖裝飾，切塊即可食用。

事 先 準 備

✔ 1 支烘焙用電子溫度計、1 個 18×18cm 正方形慕斯框 (SN3307)、1 個耐熱烤墊。

✔ 慕斯框先噴烤盤油備用，下面墊已噴油的耐熱烤墊。

✔ 細砂糖①、果膠粉先混合備用。

 Leah 的貼心小提醒

◆ 沾糖後的水果軟糖最怕潮濕，所以一定要冷藏密封保存。

◆ 海藻糖的用意是要降低甜度，如果沒有海藻糖可以等量換成細砂糖。

✂ 3×3 公分正方形、36 塊 　　⌂ 冷藏約 15 天

玫瑰覆莓荔枝水果軟糖
Rose, Raspberry & Lychee Fruit Jelly

每個水果軟糖的食譜都可以看到檸檬酸，會使用檸檬酸的原因是可以幫助果膠粉凝結更好，檸檬酸在大間材料行都找的到，荔枝與覆盆莓的果泥平時不易取得，建議可以去材料行直接法國進口的果泥，沒使用完可以直接放置冷凍，下次要使用再取出即可，非常方便。

材料（g）

荔枝果泥	160
覆盆莓果泥	20
玫瑰糖漿	15
細砂糖①	50
果膠粉	10
海藻糖	70
細砂糖②	100
透明麥芽	60
檸檬酸	4

裝飾（g）

細砂糖	200

事 先 準 備

✔ 1 支烘焙用電子溫度計、1 個 18×18cm 正方形慕斯框（SN3307）、1 個耐熱烤墊。

✔ 慕斯框先噴烤盤油備用，下面墊已噴油的耐熱烤墊。

✔ 細砂糖①、果膠粉先混合備用。

Leah 的貼心小提醒

◆ 玫瑰糖漿沒有加也可以，直接做成荔枝覆盆莓軟糖。

　如果沒有玫瑰糖漿，可以改成玫瑰花瓣 2g。
◆ 做法：花瓣先跟荔枝果泥、覆盆莓果泥一起小火煮一下下再將花瓣撈起，此果泥同作法 1 中的果泥，後面作法一樣。

◆ 沾糖後的水果軟糖最怕潮濕，所以一定要冷藏密封保存。

◆ 海藻糖的用意是要降低甜度，如果沒有海藻糖可以等量換成細砂糖。

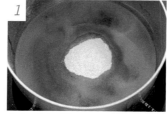

1 在平底鍋放入荔枝果泥、覆盆莓果泥、玫瑰糖漿、果膠糖粉煮滾。

2 加入海藻糖、細砂糖②、透明麥芽，放入溫度計。

3 中火煮到104 ～ 105℃熄火，加入檸檬酸拌勻至不冒煙。

4 倒在模具中鋪平，放涼後沾上細砂糖裝飾，切塊即可食用。

✂ 3×3 公分正方形、36 塊　　🍽 冷藏約 15 天

黑醋栗蘋果水果軟糖
Black Current & Apple Fruit Jelly

黑醋栗可能要在美式賣場才找的到冷凍黑醋栗（新鮮的也可以），買回來後等待完全解凍，不加水打成果泥就可以使用，剩下的果泥可以放置冷凍保存數月，需要製作水果軟糖時再取出，更方便的方法是直接到材料行買進口的黑醋栗果泥。

材料（g）

黑醋栗果泥	150
蘋果汁	40
	（約 1 顆）
細砂糖①	30
果膠粉	7
海藻糖	70
細砂糖②	110
透明麥芽	60
檸檬酸	4

裝飾（g）

細砂糖	200

事 先 準 備

✔ 1 支烘焙用電子溫度計、1 個 18×18cm 正方形慕斯框 (SN3307)、1 個耐熱烤墊。

✔ 慕斯框先噴烤盤油備用，下面墊已噴油的耐熱烤墊。

✔ 細砂糖①、果膠粉先混合備用。

Leah 的貼心小提醒

◆ 沾糖後的水果軟糖最怕潮濕，所以一定要冷藏密封保存。

◆ 海藻糖的用意是要降低甜度，如果沒有海藻糖可以等量換成細砂糖。

1 在平底鍋放入黑醋栗果泥、蘋果汁、果膠糖粉。

2 放入溫度計，煮滾。

3 加入海藻糖、細砂糖②、透明麥芽。

4 中火煮到105～106℃熄火。

5 加入檸檬酸拌勻至不冒煙。

6 倒在模具中鋪平，放涼後沾上細砂糖裝飾，切塊即可食用。

一個平底鍋｜難易度 ★★☆｜黑醋栗蘋果水果軟糖

✂ 3×3 公分正方形、36 塊　　　△ 冷藏約 15 天

茉莉橘香水果軟糖
Jasmine Green Tea & Orange Fruit Jelly

大部分的水果軟糖都是以水果為主，很少加入水果以外的食材，在寫食譜時我就一直思考茶能不能跟水果搭在一起，經過測試後發現橘子跟茉莉綠茶很契合，所以就做了這道茉莉橘香水果軟糖。

材料 (g)	
橘子汁	180
	（約 2 顆）
蘋果汁	100
	（約 1 顆半）
茉莉綠茶包	2
	（1 包）
細砂糖①	50
果膠粉	8
海藻糖	70
細砂糖②	100
透明麥芽	60
檸檬酸	4

裝飾 (g)	
細砂糖	200

事 先 準 備

✓ 1 支烘焙用電子溫度計、1 個 18×18cm 正方形慕斯框 (SN3307)、1 個耐熱烤墊。

✓ 慕斯框先噴烤盤油備用，下面墊已噴油的耐熱烤墊。

✓ 細砂糖①、果膠粉先混合備用。

Leah 的貼心小提醒

◆ 沾糖後的水果軟糖最怕潮濕，所以一定要冷藏密封保存。

◆ 海藻糖的用意是要降低甜度，如果沒有海藻糖可以等量換成細砂糖。

1 在平底鍋放入橘子汁、蘋果汁、茉莉綠茶包煮至剩下 200g 放涼，取出茶包。

2 加入果膠糖粉煮滾。

3 加入海藻糖、細砂糖②、透明麥芽。

4 放入溫度計，中火煮到106℃熄火，加入檸檬酸拌勻至不冒煙。

5 倒在模具中鋪平，放涼後沾上細砂糖裝飾，切塊即可食用。

✂ 3×3 公分正方形、36 塊　　🍽 冷藏約 15 天

桂花蜜香蘋水果軟糖
Osmanthus Honey & Apple Fruit Jelly

食譜中的芭樂汁與蘋果汁是我使用蔬菜果汁機自己榨汁，如果要使用市售的果汁也可以，但因市售果汁的糖份較高，所以做出來的水果軟糖含糖量也會偏高一點。

材料（g）

芭樂汁	100（約 1 顆）
蘋果汁	100（約 1 顆半）
桂花	4
細砂糖①	50
果膠粉	8
海藻糖	70
細砂糖②	100
透明麥芽	60
桂花蜜	10
檸檬酸	4

裝飾（g）

細砂糖	200

事 先 準 備

✓ 1 支烘焙用電子溫度計、1 個 18×18cm 正方形慕斯框（SN3307）、1 個耐熱烤墊。

✓ 慕斯框先噴烤盤油備用，下面墊已噴油的耐熱烤墊。

✓ 細砂糖①、果膠粉先混合備用。

Leah 的貼心小提醒

◆ 芭樂汁也可以改成蘋果汁，會用芭樂汁是因為全部使用蘋果汁整體的甜度會變得較高。

◆ 沾糖後的水果軟糖最怕潮濕，所以一定要冷藏密封保存。

◆ 海藻糖的用意是要降低甜度，如果沒有海藻糖可以等量換成細砂糖。

1 在平底鍋放入芭樂汁、蘋果汁、桂花、果膠糖粉。

2 放入溫度計，煮滾。

3 加入海藻糖、細砂糖②、透明麥芽，中火煮到 102℃。

4 加入桂花蜜拌勻煮到 104～105℃。

5 加入檸檬酸拌勻至不冒煙。

6 倒在模具中鋪平，放涼後沾上細砂糖裝飾，切塊即可食用。

✂ 約 1500g 軟糖　　🍽 常溫約 15 天

蔓越莓夏威夷豆軟糖
Soft Cranberry & Macadamia Candy

食譜中的蔓越莓糖漿可以換成其他水果糖漿,例如:草莓、百香果等,就可以按照相同方式做出各式各樣口味的水果夏威夷豆軟糖。

材料（g）

材料	重量
夏威夷豆	500
海藻糖	85
果膠粉	14
洋菜粉	10
飲用水①	170
蔓越莓糖漿	330
透明麥芽	830
鹽	5
樹薯粉	85
飲用水②	170
無水奶油	50

事 先 準 備

✔ 1 支烘焙用電子溫度計、1 個 2.5 斤糖果盤、1 個已噴烤盤油的耐熱塑膠袋。

✔ 夏威夷豆用上下火 150°C 烘烤 30 ～ 40 分鐘，至熟透呈微黃色，放在 100°C 烤箱保溫備用。

✔ 海藻糖、果膠粉先混合備用。

✔ 樹薯粉、飲用水②混合備用。

Leah 的貼心小提醒

◆ 包裝方式：將切好軟糖包裹糯米紙再包入糖果紙中。

◆ 海藻糖的用意是要降低甜度，如果沒有海藻糖可以等量換成細砂糖。

◆ 如果做出來的軟糖太硬，表示煮太久了，要減少熬煮的時間。反之，如果太軟，表示煮不夠久，要增加熬煮時間。

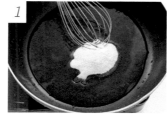
1 在平底鍋放入果膠海藻糖粉、洋菜粉、飲用水①、1/2 蔓越莓糖漿（約 170g）拌勻，煮滾 2 分鐘。

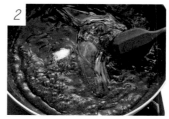
2 再加入剩下的蔓越莓糖漿、透明麥芽、鹽。

3 放入溫度計，煮至 113°C 熄火。

4 樹薯粉、飲用水②拌勻，慢慢倒入，邊倒邊攪拌，確定拌勻後再開火，小火熬煮至剩約 950g 熄火。

5 加入無水奶油、夏威夷豆拌勻，倒入塑膠袋反覆揉，直到軟糖不再變形。

6 放入糖果盤中擀平，放置室溫約 1 ～ 2 小時，放涼後切塊即可。

✂ 約 1500g 軟糖　　🍽 常溫約 15 天

咖啡夏威夷豆軟糖
Soft Coffee & Macadamia Candy

我很喜歡咖啡夏威夷豆軟糖，因為咖啡微微的苦味剛好平衡軟糖的甜度，同樣的做法也可以將咖啡粉換成 10g 丸山靜岡抹茶粉做成抹茶軟糖，或者是搭配其他粉類，變換出不一樣的新口味哦。

材料（g）

材料	g
夏威夷豆	500
海藻糖	170
果膠粉	14
洋菜粉	10
飲用水①	330
透明麥芽	830
鹽	5
樹薯粉	85
即溶咖啡粉	14
飲用水②	170
無水奶油	50

事 先 準 備

✓ 1 支烘焙用電子溫度計、1
個 2.5 斤糖果盤、1 個已噴
烤盤油的耐熱塑膠袋。

✓ 夏威夷豆用上下火 150℃
烘烤 30 ～ 40 分鐘，至熟透
呈微黃色，放在 100℃烤箱
保溫備用。

✓ 海藻糖、果膠粉先混合備用。

✓ 樹薯粉、咖啡粉、飲用水②
混合備用。

 Leah 的貼心小提醒

◆ 夏威夷豆也可以等量換成花
生片或其他堅果。

◆ 包裝方式：將切好軟糖包裹
糯米紙再包入糖果紙中。

◆ 海藻糖的用意是要降低甜度，
如果沒有海藻糖可以等量換
成細砂糖。

◆ 如果做出來的軟糖太硬，表
示煮太久了，要減少熬煮的時
間。反之，如果太軟，表示煮
不夠久，要增加熬煮時間。

1 在平底鍋放入果膠海藻糖
粉、洋菜粉、飲用水①，
拌勻開火，煮滾 2 分鐘。

2 再加入透明麥芽、鹽，放入
溫度計，煮至 113℃熄火。

3 樹薯粉、即溶咖啡粉、飲
用水②拌勻，慢慢倒入，
邊倒邊攪拌，確定拌勻後
再開火。

4 小火熬煮至剩約 1000g 熄火。

5 加入無水奶油、夏威夷豆拌
勻，倒入塑膠袋反覆揉，直
到軟糖不再變形。

6 放入糖果盤中擀平，放置室
溫約 1 ～ 2 小時，放涼後切
塊即可。

✂ 約 1500g 軟糖　　🍽 常溫約 15 天

焦糖花生軟糖
Soft Caramel & Peanut Candy

這道軟糖使用濃縮牛乳而不是鮮奶的原因，是因為使用濃縮牛乳煮出來的軟糖會更香更濃，而且這次使用的是花生片，花生與焦糖的搭配是再適合不過的，如果不想使用花生也可以等量換成其他堅果。

材料 (g)	
熟花生片	500
二砂糖	170
果膠粉	14
洋菜粉	10
白美娜濃縮牛乳	330
透明麥芽	830
鹽	5
樹薯粉	85
飲用水	170
黑糖糖漿 (可省略)	25
無水奶油	50

事 先 準 備

✔ 1 支烘焙用電子溫度計、1 個 2.5 斤糖果盤、1 個已噴烤盤油的耐熱塑膠袋。

✔ 熟花生片放在 100℃烤箱保溫備用。

✔ 二砂糖、果膠粉先混合備用。

✔ 樹薯粉、飲用水混合備用。

Leah 的貼心小提醒

◆ 熟花生片也可以等量換成烤過的夏威夷豆或其他堅果。

◆ 包裝方式：將切好軟糖包裹糯米紙再包入糖果紙中。

◆ 如果做出來的軟糖太硬，表示煮太久了，要減少熬煮的時間。反之，如果太軟，表示煮不夠久，要增加熬煮時間。

一個平底鍋 ─ 難易度 ★★★ ─ 焦糖花生軟糖

1 在平底鍋放入洋菜粉、白美娜濃縮牛乳拌勻，再加入混合拌勻的果膠二砂糖粉。

2 再加入透明麥芽、鹽，開火火滾，放入溫度計。

3 煮至 113℃熄火。

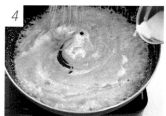

4 樹薯粉、飲用水拌勻，慢慢倒入，邊倒邊攪拌，確定拌勻後再開火。

5 加入黑糖糖漿小火煮至剩約 1000g 熄火，加入無水奶油、熟花生片拌勻，倒入塑膠袋反覆揉，直到軟糖不再變形。

6 放入糖果盤中擀平，放置室溫約 1 小時，放涼後切塊即可。

✂ 約 1500g 軟糖　　🛎 常溫約 15 天

南棗核桃糕

Soft Black Date & Walnut Candy

自製南棗餡是很麻煩的 (本書有自製南棗食譜 P.016)，但是自己做的風味卻是最好的，如果不想自製，可以到材料行買現成的南棗餡，沒用完的餡料放冷凍保存，需要用時再取出即可。

材料 (g)	
1/2 核桃	360
玉米粉	75
飲用水①	75
糯米粉	50
細砂糖	230
飲用水②	75
透明麥芽	320
南棗餡 P.016	500
無水奶油	50

事 先 準 備

- ✓ 1 支烘焙用電子溫度計、1 個 2.5 斤糖果盤、1 個已噴 烤盤油的耐熱塑膠袋。
- ✓ 1/2 核桃用上下火 160℃ 烘烤 30 分鐘,放在 100℃ 烤箱保溫備用。
- ✓ 玉米粉與飲用水①混合備用。
- ✓ 糯米粉微波 5 分鐘或 100℃ 烘烤 15 分鐘放涼備用。

Leah 的貼心小提醒

- ◆ 南棗餡可以等量換成紅豆餡, 做成紅豆核桃糕。

- ◆ 包裝方式:將切好軟糖包裹 糯米紙再包入糖果紙中。

- ◆ 細砂糖可以等量換成海藻糖, 海藻糖的用意是要降低甜度。

- ◆ 如果做出來的軟糖太硬,表 示煮太久了,要減少熬煮的時 間。反之,如果太軟,表示煮 不夠久,要增加熬煮時間。

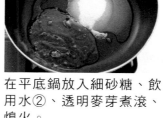
1 在平底鍋放入細砂糖、飲 用水②、透明麥芽煮滾、 熄火。

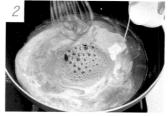
2 玉米粉水拌勻慢慢倒入, 邊倒邊攪拌,全部融入後 開火。

3 再將南棗餡小塊小塊加入, 確實拌勻。

4 加入熟糯米粉、無水奶油煮 至剩約 1050g 熄火。

5 加入 1/2 核桃拌勻,倒入 塑膠袋反覆揉,直到軟糖 不再變形。

6 放入糖果盤中擀平,放置 室溫約 1 小時,放涼後切 塊即可。

一個攪拌鍋
Mixing bowl

✂ 8 個　　⊡ 上下火 180℃　　⏱ 約 20 ～ 25 分鐘　　⌂ 常溫約 3 天

迷迭香紅椒起士三角餅
Rosemary Cheese Scones

這是本書唯一的鹹口味點心，因為加了鹹鹹的起士條與地中海香料，如：迷迭香、紅椒粉、胡椒，香料的種類與比例都可以依自己喜歡的口味調整，如果使用新鮮香草，例如：迷迭香，建議用剪刀剪下需要的量洗淨，放置乾燥處約 3 ～ 5 天至完全乾燥，再切成極為細小的顆粒，如果沒有新鮮香草，可以直接買超市乾燥香草來使用。

材料 (g)	
低筋麵粉	190
泡打粉	2 又 1/2 小匙
細砂糖	30
鹽	2
無鹽奶油	50
乾燥迷迭香 (切碎)	2
紅椒粉	2
粗粒黑胡椒粉	2
全脂牛奶	80
起司條	20

事 先 準 備

✔ 烤箱預熱，上下火 180℃，
至少 20 分鐘。

✔ 低筋麵粉過篩。

✔ 無鹽奶油放置室溫軟化備用。

1

在攪拌鍋放入低筋麵粉、
泡打粉、細砂糖、鹽、無
鹽奶油、乾燥迷迭香、紅
椒粉、粗粒黑胡椒粉。

2

用塑膠刮刀稍微攪拌，奶油
成為很小的細粒，再倒入全
脂牛奶約揉 2 ～ 3 分鐘。

3

加入起司條拌勻。

4

此時如果黏手，可以加一點
點低粉 (食譜外) 或先拿去
冷藏 10 ～ 20 分鐘至不黏
手取出，整型成方形，冷凍
10 ～ 20 分鐘。

5

切成 8 塊三角形，放入烤箱
180℃，烤 20 ～ 25 分鐘
至金黃色即可出爐。

 Leah 的貼心小提醒

配方中的切碎乾燥迷迭香，
◆ 可以用超市賣的罐裝乾燥迷
迭香取代或是義式香料取代。

✂ 8 個   ⟐ 上下火 180°C   ⏱ 約 15 分鐘   △ 常溫約 3 天

暖呼呼爆漿巧克力圓餅
Chocolate Scones

巧克力圓餅食譜可以大量製造，放冷凍可以保存約一週，烘烤前取出需要的量放置室溫 15 分鐘回軟，就可以放進烤箱烤，熱熱食用時，圓餅裡的巧克力是融化的狀態，咬下去還會爆漿，十分美味！

材料 (g)

低筋麵粉	170
泡打粉	2 又 1/2 小匙
細砂糖	40
鹽	1
可可粉	15
無鹽奶油	100
全脂牛奶	80
Domori 調溫苦甜巧克力粒	80

事 先 準 備

✔ 烤箱預熱，上下火 180℃，至少 20 分鐘。

✔ 低筋麵粉、可可粉過篩。

✔ 無鹽奶油放置室溫軟化備用。

1 在攪拌鍋放入低筋麵粉、泡打粉、細砂糖、鹽、可可粉。

2 加入無鹽奶油，用塑膠刮刀稍微攪拌，奶油成為很小的細粒。

3 再倒入全脂牛奶約揉 2 ～ 3 分鐘。

4 加入 Domori 調溫苦甜巧克力粒拌勻。

5 此時如果黏手，可以加一點點低粉（食譜外）或先拿去冷藏 10 ～ 20 分鐘至不黏手取出。

6 整型 1 顆 40g 的球狀、共 10 個，放入烤箱 180℃烤約 15 分鐘即可出爐。

Leah 的貼心小提醒

◆ 巧克力粒可以依照喜好增加或減少。

✂ 8個　　⊻ 上下火 180℃　　⏱ 約 20 ～ 25 分鐘　　🍽 常溫約 3 天

抹茶紅豆奶油夾心司康
Matcha & Red Bean Scones

其實原味的抹茶司康就已經很美味，如再加上紅豆與微微鹹鹹的有鹽奶油夾餡就更加美味！萬用紅豆餡的食譜在本書 P.016，如果沒有時間自己做紅豆餡，也可以在材料行購買現成紅豆餡。

材料 (g)	
低筋麵粉	170
泡打粉	2 又 1/2 小匙
細砂糖	40
鹽	1
抹茶粉	10
無鹽奶油	100
全脂牛奶	80

內餡 (g)	
萬用紅豆餡 P.016	100
有鹽奶油	4×4 公分 共 8 塊

事 先 準 備

✔ 烤箱預熱，上下火 180℃，至少 20 分鐘。

✔ 低筋麵粉、抹茶粉過篩。

✔ 無鹽奶油放置室溫軟化備用。

Leah 的貼心小提醒

◆ 夾餡後司康要馬上吃，無夾餡的可以放室溫保存，吃前再夾餡。

◆ 夾餡的奶油可以使用無鹽奶油。

1

在攪拌鍋放入低筋麵粉、泡打粉、細砂糖、鹽、抹茶粉、無鹽奶油。

2

用塑膠刮刀稍微攪拌，奶油成為很小的細粒，再倒入全脂牛奶約揉 2 ～ 3 分鐘。

3

此時如果黏手，可以加一點點低粉（食譜外）或先拿去冷藏 10 ～ 20 分鐘至不黏手取出，整型成方形，冷凍 10 ～ 20 分鐘。

4

取出切成約 4×4 公分方形、共 8 個，放入烤箱 180℃ 烤約 20 ～ 25 分鐘即可出爐，取出放涼後，對切一半，中間夾入紅豆餡與奶油即完成。

一個攪拌鍋 ─ 難易度 ★ ☆ ☆ ─ 抹茶紅豆奶油夾心司康

71

約 35 片　　　第一次烘焙：上下火 180℃，約 20 分鐘　　　常溫約 15 天
　　　　　　　第二次烘焙：上下火 170℃，約 20 分鐘

咖啡義式脆餅
Coffee Biscotti

義式脆餅是一種相對比較脆硬的餅乾，因為長時間的烘烤加上無添加任何奶油成分，
所以熱量也相對低一點點。

材料（g）	
全蛋	100
	（約 2 顆）
二砂糖	110
即溶咖啡粉	12
鹽	2
低筋麵粉	250
泡打粉	1
杏仁粒	80

事 先 準 備

✔ 烤箱預熱，上下火 180℃，至少 20 分鐘。

✔ 低筋麵粉過篩。

✔ 杏仁粒用上下火 160℃烘烤 30 分鐘，至有香氣且裡面熟透呈黃色。

1

在攪拌鍋放入全蛋、二砂糖、即溶咖啡粉、鹽。

2

使用打蛋器攪拌均勻。

3

再加入低筋麵粉、泡打粉，使用刮刀攪拌均勻。

4

最後拌入杏仁粒攪拌均勻，如果黏手可以加一點點低筋麵粉（食譜外）。

5

將麵糰整型成 2 條長條狀，放入烤箱 180℃第一次烘烤 20 分鐘。

6

取出放涼。

7

切片約 0.5 公分厚度。

8

放入烤箱 170℃第二次烘烤 10 分鐘，翻面，再烤 10 分鐘取出放涼即完成。

Leah 的貼心小提醒

◆ 即溶咖啡粉的份量，可以隨個人喜好咖啡味濃淡來增加或減少，也可以不加。

一個攪拌鍋 ｜ 難易度 ★☆☆ ｜ 咖啡義式脆餅

約 18 個　　上下火 180℃　　約 15 分鐘　　常溫約 15 天

法式經典布列塔尼酥餅

Galettes Bretonnes

布列塔尼酥餅是法國西北部布列塔尼地區非常流行的一種餅乾,這種餅乾已經流傳很久且非常知名,所以就以此地幫餅乾命名。布列塔尼餅乾的特色就是非常酥脆而且有一點甜甜鹹鹹的。

材料 (g)	
無鹽奶油	130
細砂糖	80
鹽	4
全蛋	50 (約 1 顆)
低筋麵粉	230
泡打粉	1 小匙

事 先 準 備

✔ 烤箱預熱，上下火 180℃，至少 20 分鐘。

✔ 18 個 4.5×4.5 公分正方形鳳梨圈模。

✔ 低筋麵粉過篩。

✔ 無鹽奶油放置室溫軟化備用。

Leah 的貼心小提醒

◆ 布列塔尼是一種微鹹的餅乾，所以鹽份略多一些些，鹽的份量可以自行調整。

1
在攪拌鍋放入無鹽奶油、細砂糖、鹽。

2
使用打蛋器稍微打發。

3
分次加入全蛋液確實攪拌均勻。

4
最後加入低筋麵粉、泡打粉拌勻。

5
擀成約 0.5 公分厚，冷凍 15 分鐘。

6
取出後壓模。

7
餅乾上刷上 2 次蛋液，再用叉子劃一橫。

8
連同模具一起放在烤盤上，放進烤箱 180℃，烤 15 分鐘至金黃色。

一個攪拌鍋 — 難易度 ★☆☆ — 法式經典布列塔尼酥餅

75

✂ 約 12 個　　🍲 上下火 180℃　　⏱ 約 15 分鐘　　🍽 常溫約 15 天

海鹽巧克力花生夾心布列塔尼
Chococlate Galettes Bretonnes

我將傳統的布列塔尼餅乾做了些許變化，不僅加入了可可粉，還使用花生醬、熟花生粒作為夾餡，讓餅乾的整體口感更有層次更加美味！

材料 (g)

無鹽奶油	130
細砂糖	80
鹽	4
全蛋	50 (約 1 顆)
低筋麵粉	230
泡打粉	1 小匙
可可粉	8

內餡 (g)

市售花生醬	100
熟花生粒	適量

事 先 準 備

✔ 烤箱預熱，上下火 180℃，至少 20 分鐘。

✔ 24 個長形鳳梨圈模。

✔ 低筋麵粉、可可粉過篩。

✔ 無鹽奶油放置室溫軟化備用。

1 在攪拌鍋放入無鹽奶油、細砂糖、鹽。

2 使用打蛋器稍微打發。

3 分次加入全蛋液確實攪拌均勻。

4 最後加入低筋麵粉、泡打粉、可可粉。

5 攪拌均勻成糰。

6 擀成約 0.3 公分厚，冷凍 15 分鐘。

7 取出後壓模。

8 連同模具一起放在烤盤上，放進烤箱 180℃，烤 15 分鐘取出放涼，中間擠入花生醬、撒上花生粒。

Leah 的貼心小提醒

◆ 如果要降低甜度可以買無糖花生醬。

✂ 8 個　　🕯 上下火 170℃　　⏱ 約 12 ～ 15 分鐘　　🛎 常溫約 5 天

蜂蜜杏仁費南雪
Honey Financiers

費南雪的法文為 financier，費南雪是根據法文發音直接翻譯而來，本意是銀行家的意思，因為費南雪的外型像金磚、金條，所以又被稱為金磚蛋糕。

材料 (g)	
蛋白	50
	（約 1 顆）
細砂糖	50
香草精	2
鹽	2
蜂蜜	15
無鹽奶油	55
低筋麵粉	35
泡打粉	1/2 小匙
杏仁粉	35

裝飾 (g)	
杏仁片	20

事 先 準 備

✔ 烤箱預熱，上下火 170℃，
　至少 20 分鐘。

✔ 8 個單顆費南雪模具
　(SN61545)、1 個擠花袋。

✔ 低筋麵粉、杏仁粉過篩。

✔ 無鹽奶油融化備用。

 Leah 的貼心小提醒

◆ 杏仁片可以換成其他堅果。

◆ 如果不喜愛杏仁粉的味道可
　以等量換成低筋麵粉。

◆ 成品可以擠上打發鮮奶油 (動
　物鮮奶油 100g、細砂糖 10g
　快速打發)，隨意裝飾水果
　即可。

1 費南雪模具用軟化奶油（食
譜外）塗抹一層，再撒上低
筋麵粉（食譜外）。

2 在攪拌鍋放入蛋白、細砂
糖、香草精、鹽、蜂蜜稍
微拌勻。

3 再加入融化無鹽奶油拌勻。

4 最後加入低筋麵粉、泡打粉、
杏仁粉。

5 將麵糊攪拌均勻，裝入擠
花袋平均擠在模具中。

6 撒上杏仁片，放進烤箱 170℃
烤 12 ～ 15 分鐘至金黃色，
脫模放涼。

一個攪拌鍋 ｜ 難易度 ★☆☆ ｜ 蜂蜜杏仁費南雪

香草檸檬草莓馬德蕾

Lemon Strawberry Madeleines

將檸檬皮與細砂糖充分搓揉至香氣四溢,是檸檬馬德蕾很關鍵的一個重要步驟,所以千萬不能省略。

材料 (g)	
檸檬皮	1 顆
細砂糖	50
全脂牛奶	25
全蛋	50
	(約 1 顆)
香草精	2
鹽	1
無鹽奶油	50
低筋麵粉	50
泡打粉	1/2 小匙

裝飾 (g)	
草莓果醬	40
草莓巧克力	100

事 先 準 備

✔ 烤箱預熱，上下火 180℃，至少 20 分鐘。

✔ 1 個 8 入連模馬德蕾模具、3 個擠花袋。

✔ 將草莓果醬裝入擠花袋中，剪一小洞備用。

✔ 低筋麵粉、糖粉過篩。

✔ 無鹽奶油融化備用。

 Leah 的貼心小提醒

◆ 我使用的馬德蕾模是台灣品牌 unopan 的模具，本身非常好脫模。

◆ 如果使用的模具會沾黏，要先使用軟化奶油（食譜外）塗抹一層，再撒上低筋麵粉（食譜外），才能擠入麵糊。

◆ 麵糊最好是冷藏至隔夜，充分冷藏的麵糊，是造成烘烤時有可愛突起肚臍的秘密。

1
在攪拌鍋放入檸檬皮、細砂糖搓揉 5 分鐘至香氣十足。

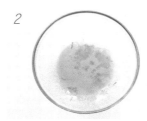
2
加入全脂牛奶、全蛋、香草精、鹽拌勻。

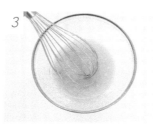
3
再加入融化無鹽奶油拌勻。

4
最後拌入低筋麵粉、泡打粉攪拌均勻。

5
將麵糊裝入擠花袋，冷藏數小時，最好隔夜。

6
麵糊從冰箱中取出，稍微用手混合均勻，平均擠在模具上。

7
麵糊中間擠入果醬，放進烤箱 180℃烤 15 分鐘至金黃色脫模取出放涼。

8
融化草莓巧克力，隨意擠在馬德蕾上即完成。

✂ 6 個　　🍲 上下火 170℃　　⏱ 約 25 分鐘　　🍽 常溫約 5 天

嫣紅覆莓小蛋糕
Raspberry Cake

我故意將蛋糕做成甜甜圈造型，1. 是因為這樣份量不多，一次吃掉一個也不會太罪惡，
2. 是因為甜甜圈造型很討喜，女性以及小朋友會很喜歡～

材料 (g)

蛋白	120 （約 4 顆）
細砂糖	65
覆盆莓 濃縮果漿	20
鹽	3
無鹽奶油	70
天然紅麴色粉	2
低筋麵粉	90
泡打粉	1/2+1/4 小匙

裝飾 (g)

白巧克力	150

事 先 準 備

- ✔ 烤箱預熱，上下火 170℃，至少 20 分鐘。
- ✔ 1 個 8 入連模矽膠甜甜圈模具、2 個擠花袋。
- ✔ 低筋麵粉過篩。
- ✔ 無鹽奶油融化備用。

1 在攪拌鍋放入蛋白、細砂糖、覆盆莓濃縮果漿、鹽稍微拌勻。

2 再加入融化無鹽奶油、天然紅麴色粉攪拌均勻。

3 最後加入低筋麵粉、泡打粉。

4 攪拌均勻，麵糊裝入擠花袋，平均擠在模具上。

5 放進烤箱 170℃烤，25 ～ 30 分鐘，脫模取出放涼。

6 蛋糕沾上融化白巧克力，再撒上乾燥花瓣做裝飾。

 Leah 的貼心小提醒

如果沒有濃縮覆盆莓果漿可以不要加，改加 2 ～ 3g 香草精做成香草口味。

✂ 12 個   ⬚ 上下火 150℃   ⏱ 約 7 分鐘   ⌒ 常溫約 15 天

北海道白色戀人
Langues de Chat

去過北海道的人都知道，每次去大家至少都是人手一盒白色戀人餅乾，從今以後大家就照著書就可以自己做了！不用再等到去北海道才能吃到囉～

材料 (g)	
無鹽奶油	40
糖粉	25
鹽	1
蛋白	20
香草精	1
低筋麵粉	50

內餡 (g)	
白巧克力	50

事 先 準 備

- ✓ 烤箱預熱，上下火 150℃，至少 20 分鐘。
- ✓ 1 個 12 入白色戀人模具、1 張烘焙烤墊、1 個擠花袋。
- ✓ 低筋麵粉、糖粉過篩。
- ✓ 無鹽奶油放置室溫軟化備用。

 Leah 的貼心小提醒

◆ 白色戀人餅乾很薄，製作時要很小心不要壓碎了。

1

在攪拌鍋放入無鹽奶油、糖粉、鹽打發。

2

分次加入蛋白、香草精攪拌均勻。

3

最後加入低筋麵粉拌勻成麵糊。

4

將模具放在烤盤上，麵糊在模具上刮平，可以做成24片。

5

將模具拿起，放進烤箱 150℃ 烤 6～7 分鐘，取出放涼。

6

巧克力用微波加熱融化，裝在擠花袋裡，取 2 片餅乾，中間擠入巧克力即完成。

一個攪拌鍋 | 難易度 ★★☆ | 北海道白色戀人

✄ 12 個　　🕯 上下火 150℃　　⏱ 約 7 分鐘　　🍽 常溫約 15 天

抹茶白色戀人
Matcha Langues de Chat

我更喜歡抹茶版的白色戀人，內餡不使用白巧克力，反而用草莓巧克力來做夾心。

材料 (g)	
無鹽奶油	40
糖粉	25
鹽	1
蛋白	20
低筋麵粉	45
日本丸山 靜岡抹茶粉	4

內餡 (g)	
草莓巧克力	50

事 先 準 備

- ✔ 烤箱預熱，上下火 150℃，至少 20 分鐘。
- ✔ 1 個 12 入白色戀人模具、1 張烘焙烤墊、1 個擠花袋。
- ✔ 低筋麵粉、糖粉、抹茶粉過篩。
- ✔ 無鹽奶油放置室溫軟化備用。

 Leah 的貼心小提醒

◆ 白色戀人餅乾很薄，製作時要很小心不要壓碎了。

1
在攪拌鍋放入無鹽奶油、糖粉、鹽打發。

2
分次加入蛋白攪拌均勻。

3
最後加入低筋麵粉、日本丸山靜岡抹茶粉拌勻。

4
將模具放在烤盤上，麵糊在模具上刮平，可以做成 24 片。

5
將模具拿起，放進烤箱 150℃烤 6～7 分鐘，取出放涼。

6
草莓巧克力用微波加熱融化，裝在擠花袋裡，取 2 片餅乾，中間擠入巧克力即完成。

一個攪拌鍋 — 難易度 ★★☆ — 抹茶白色戀人

✂ 8 個　　🕯 上下火 180℃　　⏱ 約 20 分鐘　　🍽 常溫約 10 天

正方形鳳梨酥
Pineapple Cake

2019 年馬來西亞世界廚師大賽中，亞洲創意甜點這個項目中，我將此食譜裡的杏仁粉等量換成黎麥粉，還將傳統的長型鳳梨酥改了個造型，變成少見的正方形加上巧克力淋面，讓鳳梨酥看起來更加特別與優雅，當時得到銅牌。

材料（g）

材料	g
無鹽奶油	70
糖粉	10
全蛋液	15
煉乳	16
低筋麵粉	100
杏仁粉	20
奶粉	10
起士粉	10

內餡（g）

內餡	g
萬用鳳梨餡 P.017	160

裝飾（g）

裝飾	g
草莓巧克力	50
白巧克力	50

事 先 準 備

- ✔ 烤箱預熱，上下火 180℃，至少 20 分鐘。
- ✔ 8 個 4.5 公分正方形鳳梨酥模具。
- ✔ 低筋麵粉、糖粉、杏仁粉過篩。
- ✔ 無鹽奶油放置室溫軟化。
- ✔ 鳳梨餡分成 1 球 20g 共 10 顆備用。

Leah 的貼心小提醒

- ◆ 如果沒有巧克力可以不用做裝飾。

1 在攪拌鍋放入無鹽奶油、糖粉稍微攪拌。

2 分次加入全蛋液、煉乳攪拌均勻。

3 最後加入低筋麵粉、杏仁粉、奶粉、起士粉。

4 拌勻成糰。

5 麵糰分成每個 30g 共 8 顆，鳳梨餡每個 20g 共 8 顆。

6 麵糰包入鳳梨餡，放入鳳梨酥模具中壓平。

7 放進烤箱 180℃烤 20 分鐘，脫模取出放涼。

8 巧克力用微波加熱融化，裝飾在鳳梨酥上，待巧克力凝固後即完成。

✂ 8 個　　♨ 上下火 180℃　　⏱ 約 20 分鐘　　🍽 常溫約 10 天

咖啡檸檬鳳梨酥
Coffee Lemon Pineapple Cake

其實咖啡與檸檬非常的搭，所以我就將這味道一起併到傳統的鳳梨酥中，變成很特殊
的咖啡檸檬鳳梨酥，檸檬鳳梨餡的製作在本書 P.017。

材料 (g)	
無鹽奶油	70
糖粉	10
即溶咖啡粉	10
全蛋液	15
煉乳	16
低筋麵粉	100
杏仁粉	20
奶粉	10
起士粉	10

內餡 (g)	
檸檬鳳梨餡 P.017	160

裝飾 (g)	
白巧克力	50

事 先 準 備

- ✔ 烤箱預熱，上下火 180℃，至少 20 分鐘。
- ✔ 8 個長形鳳梨酥圈模。
- ✔ 低筋麵粉、糖粉、杏仁粉過篩。
- ✔ 無鹽奶油放置室溫軟化。
- ✔ 檸檬鳳梨餡分成 1 球 20g 共 10 顆備用。

 Leah 的貼心小提醒

◆ 如果沒有巧克力可以不用做裝飾。

1 在攪拌鍋放入無鹽奶油、糖粉、即溶咖啡粉稍微攪拌。

2 分次加入全蛋液、煉乳攪拌均勻。

3 最後加入低筋麵粉、杏仁粉、奶粉、起士粉。

4 拌勻成糰。

5 麵糰分成每個 30g 共 8 顆，鳳梨餡每個 20g 共 8 顆。

6 麵糰包入檸檬鳳梨餡，放入鳳梨酥模具中壓平。

7 放進烤箱180℃烤20分鐘，脫模取出放涼。

8 巧克力用微波加熱融化，裝飾在鳳梨酥上，待巧克力凝固後即完成。

超人氣布朗尼鳳梨酥
Pineapple Brownie Cake

這幾年我在桃園機場的台灣知名伴手禮區，一直注意到大熱賣的布朗尼鳳梨酥，因為實在很好奇味道如何就買來吃看看，發現其實很不錯，所以我就開始研究創造出我自己版本的布朗尼鳳梨酥。

可可麵糊 (g)	
Domori 調溫苦甜巧克力	30
無鹽奶油	30
可可粉	7
全蛋	40
鹽	1
低筋麵粉	50
細砂糖	40
泡打粉	1/4 小匙

原味麵糊 (g)	
全蛋	30
細砂糖	30
香草精	2
鹽	1
無鹽奶油	65
低筋麵粉	65
泡打粉	1/2 小匙

內餡 (g)	
金磚鳳梨餡 P.017	80

1 可可麵糊製作：在攪拌鍋放入融化的巧克力與無鹽奶油。

2 加入全蛋液、鹽、細砂糖拌勻。

3 再加入低筋麵粉、泡打粉、可可粉攪拌均勻，裝入擠花袋中。

4 原味麵糊製作：在攪拌鍋放入全蛋、細砂糖、香草精、鹽攪拌均勻。

5 再拌入融化無鹽奶油、低筋麵粉、泡打粉攪拌均勻，裝入擠花袋中。

6 擠1層可可糊加上鳳梨餡，再擠1層原味麵糊，放進烤箱180℃烤10～12分鐘。

事 先 準 備

✔ 烤箱預熱，上下火 180℃，至少 20 分鐘。

✔ 1個24孔半圓形連模(SN9107)、2個擠花袋。

✔ 模具表面稍微噴一層烤盤油，或刷上一層薄薄軟化奶油(食譜外)。

✔ 鳳梨餡放入擠花袋。

✔ 可可麵糊：巧克力微波融化；無鹽奶油微波融化；低筋麵粉過篩；可可粉過篩，備用。

✔ 原味麵糊：低筋麵粉過篩；無鹽奶油微波融化備用。

 Leah 的貼心小提醒

因為只要烤約10～12分鐘，所以約烤8分鐘時就要注意，小心不要烤太久，太久容易蛋糕變太硬。

✂ 6 個　　⚗ 上下火 190℃　　⏱ 約 12 ～ 15 分鐘　　🍽 出爐後馬上食用

絕不失敗熔岩巧克力
Chocolate Fondant

這是最簡單的熔岩巧克力作法，只要將食材拌勻，神奇地冷藏過一晚，烤約 15 分鐘就有熱呼呼的熔岩巧克力可以食用，我習慣做好麵糊，冰過一晚後，每天晚上吃完晚飯後馬上烤一個來吃，這樣可以連續享受好幾天。

材料（g）

材料	重量
細砂糖	40
低筋麵粉	35
全蛋	75 (約 1.5 顆)
蛋黃	30 (約 1.5 顆)
無鹽奶油	70
Domori 調溫苦甜巧克力	70

事 先 準 備

✔ 烤箱預熱，上下火 190℃。

✔ 6 個 5 公分直徑慕斯框、烤盤紙（裁切成可以圍住慕斯框大小）、1 個擠花袋。

✔ 低筋麵粉過篩。

✔ 無鹽奶油、巧克力混合，微波爐加熱融化。

1　在攪拌鍋放入細砂糖、低筋麵粉略混合。

2　拌入全蛋、蛋黃。

3　再倒入融化的無鹽奶油、Domori 調溫苦甜巧克力。

4　攪拌均勻。

5　裝入擠花袋中冷藏一晚。

6　擠在模具中約 50g，放進烤箱 190℃烤 12 ～ 15 分鐘，只要烤到表面凝固即可，烤太久中間都會熟透。

 Leah 的貼心小提醒

◆ 這個食譜的成功秘訣就是一定要將麵糊至少冰過一晚，不需要一次烤完，要吃幾個烤幾個，麵糊最長可以冷藏 5 天。

◆ 烤太久連裡面都會凝固，烤到最佳狀態是外面凝固，切開裡面會流下來。

✂ 10 個　　🍲 上下火 180℃　　⏱ 約 30 分鐘　　🍽 常溫約 7 天

減糖濕潤蛋黃酥
Egg Yolk & Red Bean Cake

我好喜歡自己做的蛋黃酥，因為自己做可以吃到出爐時最新鮮的蛋黃酥，烤好的蛋黃酥越放越久，內餡會越來越乾，餅皮還越來越不酥，所以最好新鮮做新鮮吃。萬用紅豆餡可以看本書 P.016，如果沒有自己做紅豆餡可以買現成紅豆餡來製作 。

水油皮 (g)	
無水奶油	45
高筋麵粉	45
低筋麵粉	65
糖粉	20
飲用水	45

油皮 (g)	
無水奶油	45
低筋麵粉	90

內餡 (g)	
萬用紅豆餡 P.016	200
鹹蛋黃	10 顆
米酒	30

裝飾 (g)	
全蛋液	30
黑芝麻粒	30

事 先 準 備

✔ 烤箱預熱，上下火 180℃，至少 20 分鐘。

✔ 高筋麵粉、低筋麵粉、糖粉過篩。

✔ 無水奶油放置室溫回軟。

Leah 的貼心小提醒

製作油皮油酥時，小心不要出油不然蛋黃酥就不酥了。

餡料

1
鹹蛋黃浸泡米酒 1 分鐘取出，再放入烤箱 150℃，烤 8 ～ 10 分鐘取出放涼。

2
紅豆餡分成 1 顆 20g，包入放涼的鹹蛋黃。

水油皮

3
在攪拌鍋放入無水奶油、高筋麵粉、低筋麵粉、糖粉。

4
混拌成麵包屑狀。

5
中間挖個洞，倒入飲用水。

6
慢慢混合，揉至表面光滑，靜置休息 20 分鐘。

油酥

7
在攪拌鍋放入無水奶油、低筋麵粉。

8
混合均勻成糰，如果太黏手，可以放置冷藏約 10 分鐘後取出。

油皮包油酥擀捲

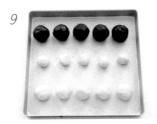
9
水油皮分成 1 個 20g 共 10 個，油酥分成 1 個 10g 共 10 個。

10
油皮包油酥。

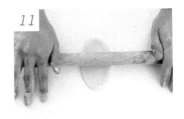
11
壓扁用擀麵棍擀開。

12
捲起，靜置休息 10 分鐘。

13
將麵糰直放擀開，再捲起，共擀捲 2 次，靜置休息 10 分鐘。

14
把麵糰從左右兩側捏起輕壓扁，再將餅皮擀成水餃皮狀。

組合

15
包入紅豆蛋黃餡。

16
放進烤箱 180℃烤 15 分鐘取出，刷上 2 次蛋液，撒上黑芝麻粒，續烤 10 分鐘。

17
直到表面金黃即可出爐。

French

Dacquoise Cake Mould

12 連 達 克 瓦 茲 模

完美
的型

UN33110
12連達克瓦茲模
單孔尺寸：70x45mm
整體尺寸：340x190x10mm

 矽膠材質
柔韌性好

 **熱穩定性**
大範圍的耐熱溫度：
-40℃~+200℃

 簡單上手
易脫模，清洗便利

 台灣製造
安全環保，無異味

三能食品器具股份有限公司
SANNENG BAKEWARE CORPORATION

TEL:04-24925580　客服專線5299 / 訂製專線5399 / FAX:04-24922077
http://www.sanneng com tw/tw/index php
Email : sanneng.taiwan@msa.hinet.net

✂ 10 個   🍳 上下火 180℃   ⏱ 約 30 分鐘   🍽 常溫約 7 天

抹茶菠蘿蛋黃酥
Matha Egg Yolk & Red Bean Cake

菠蘿蛋黃酥事實上就是在蛋黃酥的表面，蓋上一層像菠蘿麵包的菠蘿皮，這樣的蛋黃酥就會更加酥脆，除此之外，我還將菠蘿蛋黃酥做成少見的抹茶口味，除了外表吸睛之外，抹茶跟紅豆本來就是萬年的好搭檔。

水油皮 (g)	
無水奶油	45
高筋麵粉	45
低筋麵粉	65
糖粉	20
日本丸山 靜岡抹茶粉	6
飲用水	45

油皮 (g)	
無水奶油	45
低筋麵粉	90

菠蘿皮 (g)	
無鹽奶油	50
細砂糖	40
全蛋	30
低筋麵粉	110
日本丸山 靜岡抹茶粉	10

內餡 (g)	
萬用紅豆餡 P.016	200
鹹蛋黃	10 顆
米酒	30

裝飾 (g)	
全蛋液	30

事 先 準 備

✔ 烤箱預熱，上下火 180℃，至少 20 分鐘。

✔ 高筋麵粉、低筋麵粉、糖粉、抹茶粉過篩。

✔ 無水奶油、無鹽奶油放置室溫回軟。

Leah 的貼心小提醒

◆ 製作油皮油酥時，小心不要出油
不然蛋黃酥就不酥了。

餡料

鹹蛋黃浸泡米酒 1 分鐘取出，再放入烤箱 150℃，烤 8 ～ 10 分鐘取出放涼。

紅豆餡分成 1 顆 20g，包入放涼的鹹蛋黃。

水油皮

在攪拌鍋放入無水奶油、高筋麵粉、低筋麵粉、糖粉。

混拌成麵包屑狀。

中間挖個洞，倒入飲用水。

慢慢混合，揉至表面光滑，靜置休息 20 分鐘。

油酥

在攪拌鍋放入無水奶油、低筋麵粉。

混合均勻成糰。

如果太黏手，可以放置冷藏約 10 分鐘後取出。

油皮包油酥擀捲

水油皮分成 1 個 20g 共 10 個，油酥分成 1 個 10g 共 10 個。

油皮包油酥。

壓扁用擀麵棍擀開。

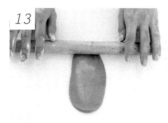

擀成長型。

捲起，靜置休息 10 分鐘。

將麵糰直放，再擀開。

再捲起，共擀捲 2 次，靜置休息 10 分鐘。

把麵糰從左右兩側捏起輕壓扁，再將餅皮擀成水餃皮狀。

菠蘿皮

18

無鹽奶油、細砂糖放入攪拌鍋。

19

用打蛋器打發。

20

分次加入全蛋拌勻。

21

最後加入低筋麵粉、日本丸山靜岡抹茶粉。

22

揉成糰，平均分成 10 等份。

23

桌面用一層保鮮膜放入菠蘿皮，再蓋上一層壓扁備用。

組合

24

餅皮包入紅豆蛋黃餡。

25

蓋上做好的菠蘿皮。

26

在菠蘿皮上用刮板壓出花紋。

27

刷上蛋液，放進烤箱180℃，烤 30 分鐘。

28

直到表面微微金黃色即可出爐。

萬用免裹油千層酥皮
Puff Pastry

傳統製作千層酥皮非常非常的麻煩，所以我就將很麻煩的千層酥皮製作，大大改良成非常簡單、容易上手的不裹油配方，製作這個配方要注意：1. 加入飲用水後麵糰不要混合太久，會容易出筋，出筋之後的麵糰就不脆了；2. 整個麵糰擀平切割時動作都要快，奶油一旦出油融化，烘烤時層次就不會出現也不會酥脆。

材料 (g)

高筋麵粉	50
低筋麵粉	50
片狀奶油	70
鹽	2
冰水	30

事 先 準 備

✔ 1 個約 18×25 公分的小塑膠袋。

✔ 高筋麵粉、低筋麵粉過篩。

✔ 片狀奶油切小塊，越小塊越好，冷凍備用。

Leah 的貼心小提醒

製作千層酥皮，其實冬天最適合，夏天太熱奶油很容易就融化，所以夏天製作酥皮冷氣要開冷一點。

1

在攪拌鍋放入高粉麵粉、低筋麵粉、切小塊的片狀奶油、鹽。

2

搓成麵包屑狀。

3

加入冰水，稍微攪拌成糰。

4

放入塑膠袋中（塑膠袋的用意是不用在桌上撒手粉以防沾黏）。

5

擀成約 18×25 公分大小，放置冷凍約 30 分鐘。

6

取出分成 4 等分，疊起裝入塑膠袋中。

7

擀成 18×25 公分，冷凍 30 分鐘（將步驟 6、步驟 7 重覆 4 次）。

8

最後一次再擀成 18×25 公分，冷凍可以保存 3 個月。

✂ 10 ～ 12 個　　🕯 上下火 180℃　　⏱ 約 20 分鐘　　🍽 常溫約 15 天

千層杏仁條
Almond Puff Pastry

杏仁酥條是千層酥皮最容易製作成功的成品之一，只要將已做好的千層酥皮切成條狀，
塗上全蛋、撒上杏仁片、細砂糖，放進烤箱烘烤就可完成。

🥣 材料 (g)

免裹油千層派皮 P.104	1 份
全蛋液	30
杏仁片	40
細砂糖	30

事 先 準 備

✔ 烤箱預熱，上下火 180℃，至少 20 分鐘。

1

將做好的千層派皮從冷凍取出，**擀**成厚度 1 公分，切割成長 4 公分、寬 1.5 公分長條，共 12 條。

2

派皮上刷上一層蛋液。

3

擺上杏仁片。

4

撒上細砂糖，放進烤箱 180℃，烤 20 分鐘即可出爐。

 Leah 的貼心小提醒

◆ 杏仁條烤好放涼要馬上密封保存。

 12 個　　 上下火 180℃　　 約 25 分鐘　　 常溫約 15 天

蝴蝶酥
Palmiers

蝴蝶酥比杏仁酥條的難度又高了一點點，因為要折成蝴蝶酥的樣子才能進烤箱烘烤，
如果烘烤時發現蝴蝶酥會分開黏不起來，那下次可以塗一點點蛋白，再撒上細砂糖折
起來，就可以增加成功率哦。

材料（g）

免裹油千層派皮 P.104	1 份
細砂糖	100

事 先 準 備

✔ 烤箱預熱，上下火 180℃，
至少 20 分鐘。

1

將做好的千層派皮從冷凍取出，擀成約 20×35 公分、約 0.1 公分厚。

2

將千層派皮折起，分成 6 等份。

3

確實清楚分成 6 份。

4

派皮表面平均撒上細砂糖。

5

由外往內折起，照著剛剛分的線，一折一折往內折起。

6

最後再直接對折，冷凍至少 30 分鐘，最好數小時或隔夜。

7

剖面會是完美的捲起。

8

切成 1.5 公分寬，兩面皆沾上細砂糖，放進烤箱 180℃，烤 15 分鐘翻面，續烤 10 分鐘。

Leah 的貼心小提醒

◆ 如果想要減甜度，蝴蝶酥切成 1.5 公分厚就直接烘烤不用再沾糖。

一個攪拌鍋｜難易度 ★★☆｜蝴蝶酥

✄ 4 個　　　🔥 上下火 180℃　　　⏱ 約 35 分鐘　　　⌂ 常溫約 2 天

蘋果千層酥
Apple Puff Pastry

剛出爐馬上冷卻後的蘋果千層酥是最好吃的，酥皮類的甜點放置室溫太久容易受潮，所以盡早食用完畢最好。

材料（g）

免裹油千層派皮 P.104	1 份

內餡（g）

無鹽奶油①	15
細砂糖①	15
全蛋	15
杏仁粉	15

裝飾（g）

蘋果	1 顆
無鹽奶油②	50
細砂糖②	50

事 先 準 備

- ✔ 烤箱預熱，上下火 180℃，至少 20 分鐘。
- ✔ 1 個擠花袋。
- ✔ 杏仁粉過篩；蘋果切薄片。
- ✔ 無鹽奶油①放置室溫回軟。
- ✔ 無鹽奶油②融化備用。

Leah 的貼心小提醒

蘋果不要切太薄容易烤焦，
◆ 蘋果片塗上融化奶油是要防止蘋果片烤焦。

1
在攪拌鍋放入無鹽奶油①、細砂糖①打發。

2
分次加入全蛋拌勻。

3
最後加入杏仁粉拌勻，裝入擠花袋中。

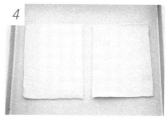
4
將做好的千層派皮從冷凍取出，擀成 1 公分厚度，分割成 4 等份。

5
擠上薄薄的內餡。

6
鋪上蘋果片。

7
刷上融化無鹽奶油②。

8
撒上細砂糖②，放進烤箱 180℃，烤 35 分鐘即可出爐。

✂ 4 個　　🍳 上下火 180℃　　⏱ 約 35 分鐘　　🍽 冷藏約 2 天

草莓千層酥
Strawberry Puff Pastry

酥皮的酥脆、香草內餡的滑順綿密、草莓的微酸微甜,三者加起來的草莓千層酥的美味是任何人都無法抗拒的。

材料 (g)

免裹油千層派皮 P.104	1 份

內餡 (g)

牛奶	100
細砂糖①	8
細砂糖②	8
蛋黃	20
低筋麵粉	6
玉米粉	6
香草精	2
無鹽奶油	25

裝飾 (g)

草莓	10 顆
防潮糖粉	適量

事 先 準 備

- ✔ 烤箱預熱，上下火 180℃，至少 20 分鐘。
- ✔ 1 個擠花袋、1 個尖齒花嘴，將花嘴放入擠花袋中。
- ✔ 低筋麵粉、玉米粉過篩。
- ✔ 無鹽奶油放置室溫回軟。
- ✔ 草莓洗淨去蒂、切半。

Leah 的貼心小提醒

◆ 草莓也可以換成其他水果，例如：香蕉或藍莓。

1 牛奶、細砂糖①煮至微滾。

2 在攪拌鍋放入細砂糖②、蛋黃、低筋麵粉、玉米粉、香草精拌勻。

3 混合拌勻，再將牛奶沖入拌勻的麵糊中。

4 倒回鍋中，小火邊煮邊攪拌，煮至濃稠，冷藏約 1 小時取出，放入無鹽奶油拌勻，裝入擠花袋中。

5 將做好的千層派皮從冷凍取出，擀成 1 公分厚度，分割成 6 等份。

6 表面插洞，撒上糖粉，上面再蓋一個烤盤，放進烤箱 180℃，烤 35 分鐘即可出爐放涼備用。

7 取一片烤好派皮，擠上內餡擺放草莓，再擠上造型。

8 可以撒上些許防潮糖粉裝飾。

一個攪拌鍋
Mixing bowl
一個平底鍋
Pan & Pot

✂ 4 個   ⬒ 上下火 150℃   ⏱ 約 30 分鐘   🍽 出爐馬上享用

法式鄉村麵包布丁
Bread Pudding

如果家裡有放了好幾天吃不完的麵包，最適合拿來做法式鄉村麵包布丁，因為這樣的麵包又乾又硬，反而能夠吸入大量的布丁液。鄉村麵包布丁與傳統雞蛋布丁吃起來不同，麵包布丁表面有烤酥酥脆脆的麵包，裡面有充滿酒香的葡萄乾，布丁孔洞也比傳統布丁大一點點，吃起來有種鄉村樸實的味道，出爐後溫溫熱熱的享用。

材料 (g)

葡萄乾	35
蘭姆酒	35
香草精	2
全脂牛奶	250
全蛋	100
	（約 2 顆）
細砂糖	30
土司	25

事 先 準 備

✓ 製做前 2 天，先將葡萄乾浸泡在蘭姆酒裡，冷藏 2 天。

✓ 製做當天，烤箱預熱，上下火 150℃，至少 20 分鐘。

✓ 4 個直徑 9 公分、深 5 公分烤盅。

✓ 土司切成 1～2 公分立方丁。

✓ 取出泡過酒的葡萄乾，泡過葡萄乾的蘭姆酒取 1 大匙（約 15g）備用。

Leah 的貼心小提醒

如果不愛酒味太重，可省略後面拌入的蘭姆酒，相反的如果愛酒香味重一點，可以增加蘭姆酒。

1

平底鍋中放入香草精、全脂牛奶小火維持不滾，燜煮 5 分鐘。

2

在攪拌鍋放入全蛋、細砂糖，用打蛋器攪拌均勻。

3

慢慢倒入全脂牛奶，邊倒邊攪拌，最後加入 1 大匙的蘭姆酒。

4

過篩布丁液 2 次，平均倒入烤盅。

5

放入切好的土司丁。

6

再放入泡好的葡萄乾，放入烤箱 150℃烤 30 分鐘至凝固即可出爐。

一個平底鍋＋一個攪拌鍋｜難易度 ★☆☆｜法式鄉村麵包布丁

✄ 4 個　　🕯 上下火 150℃　　⏱ 約 40 分鐘　　🍽 冷藏約 3〜4 天

厚奶茶法式烤布蕾
Milk Tea Crème Brulee

因為使用濃縮牛乳來製作，所以吃起來更加濃郁，如果沒有濃縮牛乳，可以使用全脂牛乳取代。

材料 (g)

白美娜濃縮牛乳 (或全脂牛奶)	200
動物性鮮奶油	120
伯爵茶粉	2
細砂糖	40
蛋黃	80 (約4顆)

裝飾 (g)

細砂糖	40

事 先 準 備

✔ 烤箱預熱,上下火150℃,至少20分鐘。

✔ 4個直徑9公分、深5公分烤盅,1個深烤盤。

✔ 1支噴槍。

1 在平底鍋中放入白美娜濃縮牛乳、動物性鮮奶油、伯爵茶粉,小火維持不滾,燜煮5分鐘。

2 在攪拌鍋放入細砂糖、蛋黃拌勻。

3 慢慢倒入奶茶,邊倒邊攪拌,過篩布丁液2次,平均倒入烤盅。

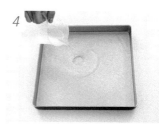

4 在烤盤中加入熱水約1公分深(要小心不要燙到)。

5 將布丁放在烤盤中,放入烤箱150℃烤40分鐘至凝固,出爐放涼,冷藏保存。

6 食用前從冰箱取出布蕾,上面鋪上一層細砂糖,用噴槍火烤至焦化即可享用。

一個平底鍋 + 一個攪拌鍋 | 難易度 ★☆☆ | 厚奶茶法式烤布蕾

 Leah 的貼心小提醒

已經做好焦糖的布蕾不適合再放回冰箱,所以最好要吃前,再火烤焦糖。

✂ 8 個　　🍮 上下火 180°C　　⏱ 約 15 分鐘　　🍽 常溫約 3 ～ 4 天

碧螺春覆盆莓馬德蕾
Chinese Green Tea & Raspberry Madeleines

2019 年的馬來西亞世界廚師大賽中，亞洲創意甜點這個項目中，我就是製作此食譜，還加上了淋面，讓馬德蕾看起來更加特別及兼具優雅，當時得到銅牌。

材料 (g)

全脂牛奶	30
碧螺春茶包	1 包 (2g)
細砂糖	50
全蛋	50 (約 1 顆)
泡打粉	1/2 小匙
低筋麵粉	50
無鹽奶油	50

裝飾 (g)

糖粉	50
覆盆莓濃縮果漿	15
飲用水	5

事 先 準 備

✔ 烤箱預熱，上下火 180℃，至少 20 分鐘。

✔ 1 個 8 入連模馬德蕾模具、1 個擠花袋。

✔ 低筋麵粉過篩；糖粉過篩。

✔ 無鹽奶油融化備用。

Leah 的貼心小提醒

◆ 無覆盆莓濃縮果漿，可以省略裝飾部分。

◆ 我使用的馬德蕾模是台灣品牌 unopan 的模具，本身非常好脫模。

◆ 如果使用的模具會沾黏，先用軟化奶油（食譜外）抹一層，再撒上低筋麵粉（食譜外），再擠入麵糊。

1 在平底鍋中放入全脂牛奶、碧螺春茶包，小火維持不滾，燜煮 3 分鐘，鍋內的牛奶量不要少於 20g，煮好後放涼備用。

2 在攪拌鍋放入細砂糖、全蛋拌勻。

3 再倒入放涼的碧螺春奶茶，攪拌均勻。

4 加入泡打粉、低筋麵粉拌勻。

5 再加入融化無鹽奶油拌勻。

6 裝入擠花袋中，冷藏 6 小時，最好冰至隔夜（最多可以冷藏 3 天）。

7 把麵糊從冰箱中取出，稍微用手混合均勻，平均擠在模具上，放進烤箱 180℃烤 15 分鐘至金黃色，脫模取出放涼。

8 做覆盆莓淋面，把糖粉、覆盆莓濃縮果漿、飲用水混合，將烤好馬德蕾沾上淋面凝固。

✂ 8 個 　　 🕯 上下火 180℃ 　　 ⏱ 約 15 分鐘 　　 🍽 常溫約 3 ～ 4 天

咖啡拿鐵馬德蕾
Café Latte Madeleines

使用濃縮牛奶是因為煮起來的咖啡牛奶會特別香濃，如果手邊剛好沒有濃縮牛奶，也可以用全脂牛奶來取代。

材料（g）

白美娜濃縮牛乳 （或全脂牛奶）	30
即溶咖啡粉	4
細砂糖	50
全蛋	50 （約 1 顆）
泡打粉	1/2 小匙
低筋麵粉	50
無鹽奶油	50

裝飾（g）

白巧克力	100

事 先 準 備

- ✔ 烤箱預熱，上下火 180℃，至少 20 分鐘。
- ✔ 1 個 8 入連模馬德蕾模具、1 個擠花袋。
- ✔ 低筋麵粉過篩。
- ✔ 無鹽奶油融化備用。

Leah 的貼心小提醒

- ◆ 若無濃縮牛乳可以換成牛奶。
- ◆ 我使用的馬德蕾模是台灣品牌 unopan 的模具，本身非常好脫模。
- ◆ 如果使用的模具會沾黏，先用軟化奶油（食譜外）抹一層，再撒上低筋麵粉（食譜外），再擠入麵糊。

1 在平底鍋中放入白美娜濃縮牛乳、即溶咖啡粉，小火維持不滾，燜煮 3 分鐘，鍋內的牛奶量不要少於 20g，煮好後放涼備用。

2 在攪拌鍋放入細砂糖、全蛋拌勻。

3 加入泡打粉、低筋麵粉拌勻。

4 再倒入放涼的咖啡牛奶攪拌均勻。

5 加入融化無鹽奶油。

6 攪拌拌勻，裝入擠花袋中，冷藏6小時，最好冰至隔夜（最多可以冷藏 3 天）。

7 把麵糊從冰箱中取出，稍微用手混合均勻，平均擠在模具上，放進烤箱180℃烤 15 分鐘至金黃色，脫模取出放涼。

8 將放涼馬德蕾沾上融化白巧克力，待凝固即完成。

✂ 4 個　　🍶 上下火 170℃　　⏱ 約 20 ～ 25 分鐘　　🍽 冷藏約 3 ～ 4 天

無生蛋提拉米蘇蛋糕
Tiramisu

很多人不敢吃提拉米蘇的原因，是因為擔憂提拉米蘇中含有生蛋，所以我特意設計這個無生蛋的配方，讓大家可以安心享用提拉米蘇。

蛋糕麵糊 (g)

無鹽奶油	75
蛋白	90
	（約 3 顆）
細砂糖	50
鹽	2
低筋麵粉	60
可可粉	10
泡打粉	1/2 小匙

內餡 (g)

動物性鮮奶油	120
細砂糖	20
馬沙拉酒 Marsala（或咖啡酒）	10
義式濃縮咖啡	20
馬斯卡彭起司 Mascarpone cheese	120

事 先 準 備

✔ 4 個長寬高 10×6×3.5 公分 unopan 小長條蛋糕模具、1 個擠花袋。

✔ 模具使用軟化奶油（食譜外）塗抹一層，再撒上一層低筋麵粉（食譜外）。

✔ 低筋麵粉加可可粉一起過篩。

✔ 無鹽奶油融化備用。

✔ 烤箱預熱，上下火 170℃，至少 20 分鐘。

1 在平底鍋中放入無鹽奶油，煮至焦糖色放涼備用。

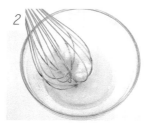

2 在攪拌鍋放入蛋白、細砂糖、鹽稍微拌勻。

3 加入放涼的融化奶油。

4 攪拌均勻。

5 再加入低筋麵粉、可可粉、泡打粉攪拌均勻。

6 裝入擠花袋，平均擠在模具上，放進烤箱 170℃烤 20～25 分鐘至金黃色，脫模取出放涼。

7 做內餡，動物性鮮奶油打至微挺；混合其他內餡材料，再加入打發鮮奶油攪拌均勻。

8 隨意擠在放涼的巧克力蛋糕上，撒上可可粉（食譜外），刨上一些巧克力（食譜上）即完成。

Leah 的貼心小提醒

◆ 內餡提拉米蘇餡可以依自己的偏好，增加或減少咖啡酒與濃縮咖啡的份量。

◆ 如果沒有義式濃縮咖啡，可以用即溶咖啡粉 10g 加飲用水 10g 拌勻取代。

✂ 4 個　　🍮 上下火 180℃　　⏱ 約 20 ～ 25 分鐘　　🍽 出爐馬上享用

焙茶舒芙蕾
Japanese Tea Souffle

像雲朵一樣綿綿密密，輕柔口感的舒芙蕾，做出這種口感的秘密就是打發的蛋白霜，
蛋白霜有打好，舒芙蕾在烤箱中就會緩緩長大，反之打不發或打不夠的蛋白霜做出來
的舒芙蕾就長不高。

材料 (g)

材料	份量
全脂牛奶	220
日本焙茶粉 (可換成其他茶類)	4
蛋黃	80 (約 4 顆)
細砂糖①	30
低筋麵粉	30
無鹽奶油	25
蛋白	120
細砂糖②	40

事 先 準 備

✔ 烤箱預熱，上下火 180℃，
至少 20 分鐘。

✔ 4 個直徑 9 公分、深 5 公分
烤盅。

Leah 的貼心小提醒

烘烤舒芙蕾時，過程中不
◆ 要開烤箱，不然舒芙蕾很
容易塌陷。

1 在平底鍋中放入全脂牛奶、
日本焙茶粉，加熱至冒泡
熄火。

2 在攪拌鍋放入蛋黃、細砂
糖①打至微白，加入低筋
麵粉攪拌均勻。

3 慢慢加入焙茶牛奶拌勻。

4 將麵糊過篩，倒回平底鍋
中，中小火煮至微微黏稠
熄火，加入無鹽奶油拌勻。

5 蛋白、細砂糖②打發至尖挺，
加入麵糊中拌勻。

6 模具側面使用軟化奶油（食
譜外）塗抹一層。

7 將麵糊平均倒入烤盅內，表
面用刮刀刮平。

8 放進烤箱 180℃烤 20 ～ 25
分鐘出爐，出爐後要馬上食
用，不然舒芙蕾很快就會消
下去。

✂ 4 個　　🕯 上下火 180℃　　⏲ 約 25 分鐘　　🍽 常溫約 3 ～ 4 天

焦糖蘭姆核桃蛋糕
Caramel Rum Walnut Cake

這是我非常喜歡的甜點，因為蛋糕體加入焦糖所以整個蛋糕非常濕潤，還加入大量的蘭姆酒大大降低甜度，這是一道非常順口的甜點～

材料 (g)	
無鹽奶油	170
二砂糖	90
鹽	2
全蛋	140 （約 2.5 顆）
低筋麵粉	120
1/8 核桃	80

焦糖醬 (g)	
細砂糖	40
動物鮮奶油	40

裝飾 (g)	
蘭姆酒①	50
糖粉	100
蘭姆酒②	40

事 先 準 備

- ✔ 烤箱預熱，上下火 180℃，至少 20 分鐘。
- ✔ 4 個長寬高 6×6×6 公分三能正方形模具，模距使用軟化奶油 (食譜外) 塗抹一層，撒上低筋麵粉 (食譜外)。
- ✔ 低筋麵粉、糖粉過篩。
- ✔ 奶油放置室溫軟化。
- ✔ 全蛋拌勻。
- ✔ 1/8 核桃用上下火 160℃烤 15 分鐘，取出放涼備用。

Leah 的貼心小提醒

◆ 如果沒有正方形模具，也可以用長條蛋糕模來使用。

1 在平底鍋中放入細砂糖乾燒至金黃色，稍微攪拌至糖都融化，慢慢加入動物鮮奶油拌勻，離火冷卻至 40～50℃。

2 在攪拌鍋放入無鹽奶油、二砂糖、鹽打發。

3 再分次加入全蛋攪拌均勻。

4 加入低筋麵粉、1/8 核桃拌勻、再將焦糖醬拌入麵糊中。

5 平均倒入模具中，放進烤箱 180℃烤 25 分鐘，用叉子插入蛋糕中心不沾黏，取出趁熱刷上蘭姆酒①。

6 做糖霜；混合糖粉、蘭姆酒②，淋在蛋糕上即完成。

一個平底鍋＋一個攪拌鍋｜難易度 ★★☆｜焦糖蘭姆核桃蛋糕

 6個　　上下火 190℃　　約 80 分鐘　　常溫約 3 天

香草可麗露
Vanilla Canele

可麗露是法國百年的甜點，所需要的材料非常的單純，製作過程也很容易，唯一高難度的地方就是烘烤，要經過多次的烘烤經驗才能烤出外酥內軟的可麗露。

材料 (g)	
全脂牛奶	200
香草精	2
二砂糖	70
無鹽奶油	15
低筋麵粉	60
全蛋	55 (約 1 顆)
蘭姆酒	1/2 小匙

事 先 準 備

✔ 烤箱預熱，上下火 190℃，至少 20 分鐘。

✔ 6 個不沾可麗露模具。

✔ 低筋麵粉過篩。

✔ 全蛋拌勻。

Leah 的貼心小提醒

烘烤的過程中，如果可麗露膨脹超過模具，則取出稍微在桌面敲一下，麵糊下降後再放回烤箱，來來回回可能要數次，直到麵糊不再脹大為止，烤好取出放涼即可食用，建議當天食用是最脆的。

烤可麗露會因每台烤箱溫度不太相同，而最佳溫度還是要用自己的烤箱試過幾次才能找出來。

可麗露麵糊容易做，但是不好烤，因為烤焙的時間很長，要常常注意烤箱內情況。

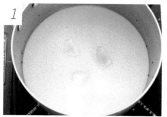

1
在平底鍋中放入全脂牛奶、香草精、二砂糖、無鹽奶油，小火煮至邊邊微微冒煙即可熄火。

2
在攪拌鍋放入低筋麵粉，中間挖個洞，倒入全蛋。

3
再慢慢倒入牛奶，邊加邊攪拌。

4
如有白色粉粒不用緊張，過篩 2～3 次直到麵糊均勻。將麵糊放冷藏冰 1 晚，隔天取出放室溫 1 小時，每 15 分鐘要攪拌一次，避免麵糊油水分離。

5
模具用刷子刷上一層厚厚的軟化奶油（食譜外）。

6
將麵糊平均倒入模具中，放進烤箱190℃烤約80分鐘，直到外皮金黃酥脆。

一個平底鍋 + 一個攪拌鍋 — 難易度 ★★★ — 香草可麗露

✂ 6 個　　🫕 上下火 190℃　　⏱ 約 80 分鐘　　🔔 常溫約 3 天

蜂蜜抹茶可麗露
Honey Matcha Canele

加入抹茶風味的可麗露，口感上更上一層樓，因為抹茶微苦，所以我加了一點蜂蜜來中和苦味。

材料（g）	
全脂牛奶	200
無鹽奶油	15
蜂蜜	10
二砂糖	70
日本丸山 靜岡抹茶粉	6
低筋麵粉	55
全蛋	55
	（約 1 顆）

事 先 準 備

✔ 烤箱預熱，上下火 190℃，至少 20 分鐘。

✔ 6 個不沾可麗露模具。

✔ 低筋麵粉過篩。

✔ 抹茶粉過篩加入二砂糖充分混合均勻。

✔ 全蛋拌勻。

Leah 的貼心小提醒

◆ 烘烤的過程中，如果可麗露膨脹超過模具，則取出稍微在桌面敲一下，麵糊下降後再放回烤箱，來來回回可能要數次，直到麵糊不再脹大為止，烤好取出放涼即可食用，建議當天食用是最脆的。

◆ 烤可麗露會因每台烤箱溫度不太相同，而最佳溫度還是要用自己的烤箱試過幾次才能找出來。

◆ 可麗露麵糊容易做，但是不好烤，因為烤焙的時間很長，要常常注意烤箱內情況。

1 在平底鍋中放入全脂牛奶、無鹽奶油、蜂蜜、混和好的抹茶細砂糖，小火煮至邊邊微微冒煙即可熄火。

2 在攪拌鍋放入低筋麵粉，中間挖個洞，倒入全蛋。

3 再慢慢倒入抹茶牛奶，邊加邊攪拌。

4 如有白色粉粒不用緊張，過篩 2～3 次直到麵糊均勻。將麵糊放冷藏冰 1 晚，隔天取出放室溫 1 小時，每 15 分鐘要攪拌一次，避免麵糊油水分離。

5 模具用刷子刷上一層厚厚的軟化奶油（食譜外）。

6 將麵糊平均倒入模具中，放進烤箱190℃烤約80分鐘，直到外皮金黃酥脆。

✂ 6 個　　🔥 上下火 190℃　　⏱ 約 80 分鐘　　🍽 常溫約 3 天

巧克力可麗露與覆盆莓霜

Chocolate Canele with Raspberry Meringue

可麗露上面的覆盆莓霜是用蛋白與覆盆莓果泥製作而成的，但因為果泥用量不多，顏色不夠鮮明，所以我加入天然的植物梔子紅色色粉來增色。

🗒 Leah 的貼心小提醒

◆ 烘烤的過程中，如果可麗露膨脹超過模具，則取出稍微在桌面敲一下，麵糊下降後再放回烤箱，來來回回可能要數次，直到麵糊不再脹大為止，烤好取出放涼即可食用，建議當天食用是最脆的。

◆ 烤可麗露會因每台烤箱溫度不太相同，而最佳溫度還是要用自己的烤箱試過幾次才能找出來。

◆ 可麗露麵糊容易做，但是不好烤，因為烤焙的時間很長，要常常注意烤箱內情況。

材料 (g)	
全脂牛奶	200
無鹽奶油	15
二砂糖	70
可可粉	8
低筋麵粉	55
全蛋	55
	（約 1 顆）

裝飾 (g)	
細砂糖	75
覆盆莓果泥	30
蛋白	50
	（約 1.5 顆）
采鴻 天然梔子紅色粉	2

事 先 準 備

✔ 烤箱預熱，上下火 190℃，
　 至少 20 分鐘。

✔ 6 個不沾可麗露模具。

✔ 1 支烘焙用電子溫度計。

✔ 1 支噴槍。

✔ 低筋麵粉過篩。

✔ 全蛋拌勻。

✔ 可可粉過篩加入二砂糖充分
　 混合均勻。

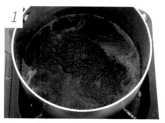

在平底鍋中放入全脂牛奶、無鹽奶油、混和好的可可二砂糖，小火煮至邊邊微微冒煙即可熄火。

在攪拌鍋放入低筋麵粉，中間挖個洞，倒入全蛋。

再慢慢倒入可可牛奶，邊加邊攪拌。

如有白色粉粒不用緊張，過篩 2～3 次直到麵糊均勻。將麵糊放冷藏冰 1 晚，隔天取出放室溫 1 小時，每 15 分鐘要攪拌一次，避免麵糊油水分離。

模具用刷子刷上一層厚厚的軟化奶油（食譜外）。

將麵糊平均倒入模具中，放進烤箱 190℃烤約 80 分鐘，直到外皮金黃酥脆。

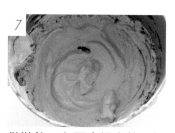

做裝飾，在平底鍋中放入細砂糖、果泥煮至 100℃時，在攪拌鍋放入蛋白開始打發，果泥煮到 110℃時離火，倒入打發的蛋白中邊倒邊打，打至硬挺加入色粉，再拌 30 秒。

放涼的可麗露沾上覆盆莓蛋白霜，表面可以用噴槍稍微烤過。（如果沒有噴槍可以省略）

✂ 2 個 4 吋圓形蛋糕　　🔥 上下火 180℃　　⏱ 約 35 分鐘　　🍽 冷藏約 3 天

小花園巧克力蛋糕
Flower Garden Chocolate Cake

因為此巧克力蛋糕加入大量高品質的調溫巧克力，因此整體口感非常濃郁，在 2019 年馬來西亞世界廚師大賽中，我在亞洲創意甜點比賽項目中，採用了這個食譜，而且拌入書中萬用鳳梨餡，做成特別的巧克力鳳梨蛋糕，當時獲得銅牌。

蛋糕麵糊 (g)	
Domori 調溫苦甜巧克力	120
可可粉	20
無鹽奶油①	260
細砂糖	140
全蛋	100 （約 2 顆）
低筋麵粉	90
動物性鮮奶油	60

奶油霜 (g)	
無鹽奶油②	200
糖粉	200
草莓粉	8
日本丸山 靜岡抹茶粉	2

事 先 準 備

✔ 烤箱預熱，上下火 180℃。

✔ 2 個 4 吋圓形模具 (SN5003)、
1 個三能玫瑰花嘴 (SN7072)、
1 個三能葉子花嘴 (SN7171)、
2 個擠花袋。

✔ 低筋麵粉、可可粉、糖粉、
抹茶粉過篩。

✔ 全蛋拌勻。

✔ 奶油放置室溫軟化。

Leah 的貼心小提醒

◆ 高品質的巧克力是巧克力
蛋糕好吃的重要因素。

1
在平底鍋中放入 Dmori 調溫苦甜巧克力、可可粉，小小火煮至融化。

2
在攪拌鍋放入無鹽奶油①、細砂糖打發。

3
分次加入全蛋拌勻。

4
再加入低筋麵粉拌勻。

5
最後加入動物性鮮奶油攪拌均勻。

6
再將融化巧克力加入打發奶油中拌勻。

7
平均倒入模具中，放進烤箱 180℃烤約 35 分鐘，用叉子插入蛋糕中心不沾黏，取出放在涼架上。

8
在攪拌鍋放入無鹽奶油②、糖粉打至泛白，取出 300g 奶油霜加入草莓粉拌勻放入玫瑰花嘴的擠花袋。取出 50g 奶油霜加入抹茶粉拌勻，放入葉子花嘴的擠花袋，將奶油裝飾在蛋糕上即可。

一個平底鍋＋一個攪拌鍋｜難易度 ★★★｜小花園巧克力蛋糕

百香果棉花糖
Passion Fruit Marshmallow

自己做的棉花糖真的非常好吃,而且百分之百水果果汁製作,味道非常濃郁,我是使用法國進口的百香果果泥,當然也可以用新鮮的百香果汁製作。

材料（g）

透明麥芽①	50
吉利丁粉 （或吉利丁片）	12 （6片）
飲用水 （如使用吉利丁片 則省略）	36
透明麥芽②	40
細砂糖	120
百香果泥	80

裝飾（g）

防潮糖粉	50
玉米粉	50

事 先 準 備

✓ 1 個 18×18 公分慕斯框模具，模具先噴烤盤油，下面可以墊 1 張噴烤盤油的烤盤墊或保鮮膜。

✓ 1 支烘焙用電子溫度計。

✓ 吉利丁粉加飲用水攪拌均勻，（如使用吉利丁片，則泡飲用冰水 3～4 分鐘，擠乾水分即可）。

✓ 玉米粉放入烤箱上下火 100℃烤 30 分鐘，取出放涼後與防潮糖粉混合備用。

 Leah 的貼心小提醒

◆ 如果沒有慕斯框，也可以找任何模型來做棉花糖，但模型都要先噴上烤盤油，才容易取出棉花糖。

1

在攪拌鍋放入透明麥芽①、泡水的吉利丁粉備用。

2

將熱糖漿慢慢加入攪拌鍋中，快速打發，加入色粉持續打至紋路明顯。

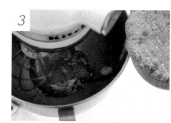

3

將熱糖漿慢慢加入攪拌鍋中，快速打發至紋路明顯。

4

將棉花糖倒入模型裡，凝固後再切塊，約可以切 3×3 公分正方形、36 塊，裹上玉米糖粉即完成。

✂ 3×3 公分正方形、36 塊　　🍽 常溫約 10 天

草莓棉花糖
Strawberry Marshmallow

酸甜的草莓是大家都喜歡的口味，但製作成棉花糖後顏色略淡，所以才會添加天然食用梔子花紅色的色粉，如果沒有也可以用紅趜粉取代。

材料 (g)	
透明麥芽①	50
吉利丁粉 (或吉利丁片)	12 (6片)
飲用水 (如使用吉利丁片 則省略)	36
天然梔子紅色色粉	2
透明麥芽②	40
細砂糖	120
草莓果泥	80

裝飾 (g)	
防潮糖粉	50
玉米粉	50

事 先 準 備

✔ 1 個 18×18 公分慕斯框模具，模具先噴烤盤油，下面
　可以墊 1 張噴烤盤油的烤盤墊或保鮮膜。

✔ 1 支烘焙用電子溫度計。

✔ 吉利丁粉加飲用水攪拌均勻，(如使用吉利丁片，則泡
　飲用冰水 3 ～ 4 分鐘，擠乾水分即可)。

✔ 玉米粉放入烤箱上下火 100℃烤 30 分鐘，取出放涼後
　與防潮糖粉混合備用。

 Leah 的貼心小提醒

◆ 天然色粉是要增加顏色，如果沒有可以省略。

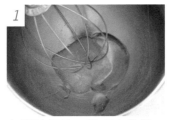

在攪拌鍋放入透明麥芽①、
泡水的吉利丁粉備用。

在平底鍋放入透明麥芽②、
細砂糖、草莓果泥，放入溫
度計，煮至 116℃。

將熱糖漿慢慢加入攪拌鍋
中，快速打發，加入色粉
持續打至紋路明顯。

將棉花糖倒入模型裡，凝固
後再切塊，約可以切 3×3
公分正方形、36 塊，裹上
玉米糖粉即完成。

✂ 3×3 公分正方形、36 塊 　　 🍽 常溫約 10 天

香草核桃俄羅斯軟糖
Vanilla Walnut Marshmallow

香草核桃俄羅斯軟糖，吃起來就像是軟綿綿的香草棉花糖加上香香脆脆的核桃，因為
核桃的加入讓棉花糖口感上多了一種變化。

材料 (g)

透明麥芽①	50
吉利丁粉 (或吉利丁片)	10 (5 片)
飲用水 (如使用吉利丁片 則省略)	30
香草精	2
透明麥芽②	40
細砂糖	120
飲用水②	70
1/8 核桃	60

裝飾 (g)

防潮糖粉	50
玉米粉	50

事 先 準 備

✔ 1 個 18×18 公分慕斯框模具，模具先噴烤盤油，下面可以墊 1 張噴烤盤油的烤盤墊或保鮮膜。

✔ 1 支烘焙用電子溫度計。

✔ 吉利丁粉加飲用水攪拌均勻，(如使用吉利丁片，則泡飲用冰水 3 ～ 4 分鐘，擠乾水分即可)。

✔ 玉米粉放入烤箱上下火 100°C 烤 30 分鐘，取出放涼後與防潮糖粉混合備用。

✔ 1/8 核桃放入烤箱上下火 160°C 烤 20 分鐘，再放在 100°C 烤箱內保溫。

Leah 的貼心小提醒

◆ 核桃可以換成其他堅果。

一個平底鍋＋一個攪拌鍋│難易度 ★★☆│香草核桃俄羅斯軟糖

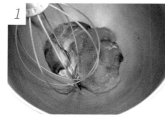
1

在攪拌鍋放入透明麥芽①、泡水的吉利丁粉、香草精備用。

2

在平底鍋放入透明麥芽②、細砂糖、飲用水②，放入溫度計，煮至 116°C，再慢慢加入攪拌鍋中。

3

快速打發至紋路明顯，再拌入 1/8 核桃攪拌均勻。

4

將棉花糖倒入模型裡，凝固後再切塊，約可以切 3×3 公分正方形、36 塊，裹上玉米糖粉即完成。

✂ 3×3 公分正方形、36 塊　　　⌂ 常溫約 10 天

巧克力棉花糖
Chocolate Marshmallow

這是使用高品質的調溫巧克力製作出來的棉花糖，所以風味口感特別的好。

材料 (g)	
透明麥芽①	50
吉利丁粉 (或吉利丁片)	10 (5 片)
飲用水 (如使用吉利丁片 則省略)	30
透明麥芽②	40
細砂糖	120
飲用水②	70
可可粉	8
Domori 調溫苦甜巧克力	20

裝飾 (g)	
防潮糖粉	50
玉米粉	50

事 先 準 備

✔ 1 個 18×18 公分慕斯框模具，模具先噴烤盤油，下面可以墊 1 張噴烤盤油的烤盤墊或保鮮膜。

✔ 1 支烘焙用電子溫度計。

✔ 吉利丁粉加飲用水①攪拌均勻，(如使用吉利丁片，則泡飲用冰水 3～4 分鐘，擠乾水分即可)。

✔ 玉米粉放入烤箱上下火 100℃烤 30 分鐘，取出放涼後與防潮糖粉混合備用。

✔ 可可粉過篩。

 Leah 的貼心小提醒

◆ 如果苦甜巧克力顆粒太大，要切小塊，再加入比較容易融化。

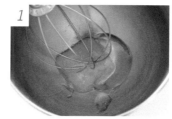

1

在攪拌鍋放入透明麥芽①、泡水的吉利丁粉備用。

2

在平底鍋放入透明麥芽②、細砂糖、飲用水②、可可粉。

3

放入溫度計，煮至 116℃。

4

將熱糖漿慢慢加入攪拌鍋中快速打發。

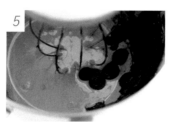

5

再加入 Domori 調溫苦甜巧克力，快速打發至紋路明顯。

6

將棉花糖倒入模型裡，凝固後再切塊，約可以切 3×3 公分正方形、36 塊，裹上玉米糖粉即完成。

✂ 3×3 公分正方形、36 塊　　🍽 常溫約 10 天

抹茶棉花糖
Matcha Marshmallow

市面上很少見到抹茶口味的法式棉花糖，但是因為我實在很喜歡抹茶，所以就結合日式抹茶粉與法式棉花糖在一起。

材料 (g)	
透明麥芽①	50
吉利丁粉 (或吉利丁片)	10 (5片)
飲用水 (如使用吉利丁片 則省略)	30
透明麥芽②	40
細砂糖	120
飲用水②	70
日本丸山 靜岡抹茶粉	8

裝飾 (g)	
防潮糖粉	50
玉米粉	50

事 先 準 備

✓ 1 個 18×18 公分慕斯框模具，模具先噴烤盤油，下面
可以墊 1 張噴烤盤油的烤盤墊或保鮮膜。

✓ 1 支烘焙用電子溫度計。

✓ 吉利丁粉加飲用水攪拌均勻，(如使用吉利丁片，則泡
飲用冰水 3～4 分鐘，擠乾水分即可)。

✓ 玉米粉放入烤箱上下火 100℃烤 30 分鐘，取出放涼後
與防潮糖粉混合備用。

✓ 抹茶粉過篩。

Leah 的貼心小提醒

◆ 棉花糖應密封保存，以免受潮。

1

在攪拌鍋放入透明麥芽①、
泡水的吉利丁粉備用；在平
底鍋放入透明麥芽②、細砂
糖、飲用水②、日本丸山靜
岡抹茶粉。

2

平底鍋中放入溫度計，煮至
116℃。

3

將熱糖漿慢慢加入攪拌鍋中
快速打發。

4

將棉花糖倒入模型裡，凝固
後再切塊，約可以切 3×3
公分正方形、36 塊，裹上
玉米糖粉即完成。

✂ 1500g 牛軋糖　　🔔 常溫約 20 天

芝麻牛軋糖
Black Sesame Nougat

黑芝麻營養成分高，富含抗氧化成份，因此我在此原譜裡加入大量的黑芝麻粉與黑芝麻粒。

材料（g）

蛋白霜粉	50
細砂糖①	50
飲用水①	50
細砂糖②	300
透明麥芽	600
鹽	8
飲用水②	100
無鹽奶油	100
芝麻粉	150
熟黑芝麻粒	300

事 先 準 備

✔ 1 個 2.5 台斤糖果盤，上面放上 1 張噴好烤盤油的耐熱塑膠袋。

✔ 1 支烘焙用電子溫度計。

✔ 熟黑芝麻粒放入 100℃烤箱保溫備用。

✔ 無鹽奶油放置室溫軟化備用。

Leah 的貼心小提醒

◆ 如果使用手持式電動打蛋器，建議做食譜的一半量就好，因為手持電動打蛋器無法一次做這麼多的牛軋糖。

◆ 如果沒有蛋白霜粉，可以將食譜中的蛋白霜粉與 40g 飲用水替換成殺菌蛋白液 50g。

◆ 如果牛軋糖太硬，表示糖漿溫度太高，下次製作時需降低溫度，反之，如果牛軋糖太軟，表示糖漿溫度不夠，下次製作時需升高溫度。

一個平底鍋＋一個攪拌鍋 ｜ 難易度 ★★★ ｜ 芝麻牛軋糖

1 在攪拌鍋放入蛋白霜粉、細砂糖①、飲用水①，高速打發。

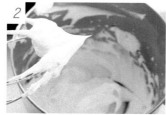

2 最後要打發至蛋白霜堅挺。

3 蛋白霜打發的同時，在平底鍋放入細砂糖②、透明麥芽、鹽、飲用水②。

4 放入溫度計，煮至 129～130℃。

5 將熱糖漿慢慢倒入攪拌鍋中。

6 攪拌至紋路明顯約 5 分鐘，再慢速邊打邊加入軟化無鹽奶油。

7 等奶油完全吸收後，一次加入芝麻粉攪拌 5 秒不拌勻，最後加入熟黑芝麻粒攪拌 3 秒不拌勻。

8 牛軋糖取出，放在噴過油的耐熱塑膠袋揉至均勻，再放在糖果盤裡擀平，放涼即可切片。

✂ 1500g 牛軋糖　　⌒ 常溫約 20 天

海藻糖花生牛軋糖
Peanut Nougat

海藻糖常常使用在烘焙上，雖然熱量與細砂糖差不多，但因為甜度只有細砂糖的 70%
左右，所以吃起來覺得比較不甜，海藻糖在一般烘焙材料行都可以買得到。

材料（g）

材料	g
蛋白霜粉	50
海藻糖①	50
飲用水①	50
海藻糖②	300
透明麥芽	600
鹽	8
飲用水②	100
無鹽奶油	100
花生粉	150
熟花生片	300

事 先 準 備

✔ 1 個 2.5 台斤糖果盤，上面放上 1 張噴好烤盤油的耐熱塑膠袋。

✔ 1 支烘焙用電子溫度計。

✔ 花生片放入 100℃烤箱保溫備用。

✔ 無鹽奶油放置室溫軟化備用。

Leah 的貼心小提醒

◆ 如果使用手持式電動打蛋器，建議做食譜的一半量就好，因為手持電動打蛋器無法一次做這麼多的牛軋糖。

◆ 如果沒有蛋白霜粉，可以將食譜中的蛋白霜粉與 40g 飲用水替換成殺菌蛋白液 50g。

◆ 如果牛軋糖太硬，表示糖漿溫度太高，下次製作時需降低溫度，反之，如果牛軋糖太軟，表示糖漿溫度不夠，下次製作時需升高溫度。

1 在攪拌鍋放入蛋白霜粉、海藻糖①、飲用水①，高速打發。

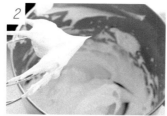

2 最後要打發至蛋白霜堅挺。

3 蛋白霜打發的同時，在平底鍋放入海藻糖②、透明麥芽、鹽、飲用水②。

4 放入溫度計，煮至 129 ～ 130℃。

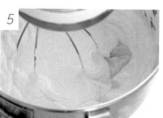

5 將熱糖漿慢慢倒入攪拌鍋中，攪拌至紋路明顯約 5 分鐘，再慢速邊打邊加入軟化無鹽奶油。

6 等奶油完全吸收後一次加入花生粉攪拌 5 秒不拌勻。

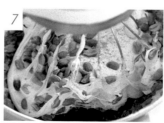

7 最後加入熟花生片攪拌 3 秒不拌勻。

8 牛軋糖取出，放在噴過油的耐熱塑膠袋揉至均勻，再放在糖果盤裡 平，放涼即可切片。

✂ 1500g 牛軋糖　　🍽 常溫約 20 天

草莓牛軋糖
Strawberry Nougat

這是利用草莓糖漿來製作草莓牛軋糖，草莓糖漿不可以用草莓果泥來取代，因為果泥
含有較多水份會使牛軋糖不易成型。

材料 (g)	
蛋白霜粉	50
細砂糖①	50
飲用水	50
細砂糖②	70
透明麥芽	720
鹽	8
草莓糖漿	200
無鹽奶油	100
全脂奶粉	100
杏仁粒	300

事 先 準 備

✔ 1 個 2.5 台斤糖果盤，上面放上 1 張噴好烤盤油的耐熱塑膠袋。

✔ 1 支烘焙用電子溫度計。

✔ 杏仁粒放入烤箱上下火 160 度℃烘烤約 30 分鐘，再放入 100℃烤箱保溫備用。

✔ 無鹽奶油放置室溫軟化備用。

Leah 的貼心小提醒

◆ 如果使用手持式電動打蛋器，建議做食譜的一半量就好，因為手持電動打蛋器無法一次做這麼多的牛軋糖。

◆ 如果沒有蛋白霜粉，可以將食譜中的蛋白霜粉與 40g 飲用水替換成殺菌蛋白液 50g。

◆ 如果牛軋糖太硬，表示糖漿溫度太高，下次製作時需降低溫度，反之，如果牛軋糖太軟，表示糖漿溫度不夠，下次製作時需升高溫度。

1 在攪拌鍋放入蛋白霜粉、細砂糖①、飲用水①，高速打發。

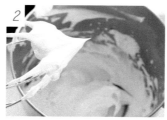

2 最後要打發至蛋白霜堅挺。

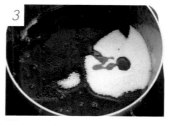

3 蛋白霜打發的同時，在平底鍋放入細砂糖②、透明麥芽、鹽、草莓糖漿。

4 放入溫度計，煮至 129 ～ 130℃。

5 將熱糖漿慢慢倒入攪拌鍋中，攪拌至紋路明顯約 5 分鐘，再慢速邊打邊加入軟化無鹽奶油。

6 等奶油完全吸收後，一次加入全脂奶粉攪拌 5 秒不拌勻。

7 最後加入杏仁粒攪拌 3 秒不拌勻。

8 牛軋糖取出，放在噴過油的耐熱塑膠袋揉至均勻，再放在糖果盤裡擀平，放涼即可切片。

✂ 1500g 牛軋糖　　🔔 常溫約 20 天

巧克力米果牛軋糖
Chocolate Nougat

此牛軋糖配方，我加入高品質的調溫苦甜巧克力，讓整個牛軋糖化口性更好，而且口感上比較軟柔一點。

材料 (g)	
蛋白霜粉	40
細砂糖①	40
飲用水①	40
細砂糖②	200
透明麥芽	720
鹽	8
飲用水②	80
Domori 調溫苦甜巧克力	100
無鹽奶油	80
全脂奶粉	120
米果	100

事 先 準 備

✓ 1 個 2.5 台斤糖果盤，上面放上 1 張噴好烤盤油的耐熱塑膠袋。

✓ 1 支烘焙用電子溫度計。

✓ 米果放入 100℃烤箱保溫備用。

✓ 無鹽奶油放置室溫軟化備用。

Leah 的貼心小提醒

◆ 如果使用手持式電動打蛋器，建議做食譜的一半量就好，因為手持電動打蛋器無法一次做這麼多的牛軋糖。

◆ 如果沒有蛋白霜粉，可以將食譜中的蛋白霜粉與 40g 飲用水替換成殺菌蛋白液 50g。

◆ 如果牛軋糖太硬，表示糖漿溫度太高，下次製作時需降低溫度，反之，如果牛軋糖太軟，表示糖漿溫度不夠，下次製作時需升高溫度。

1. 在攪拌鍋放入蛋白霜粉、細砂糖①、飲用水①，高速打發。

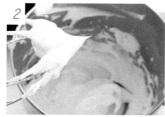

2. 最後要打發至蛋白霜堅挺。

3. 蛋白霜打發的同時，在平底鍋放入細砂糖②、透明麥芽、鹽、飲用水②，放入溫度計，煮至 128～129℃。

4. 將熱糖漿慢慢倒入攪拌鍋中，攪拌至紋路明顯約 5 分鐘，加入 Domori 調溫苦甜巧克力拌勻。

5. 再慢速邊打邊加入軟化無鹽奶油。

6. 等奶油完全吸收後，一次加入全脂奶粉攪拌 5 秒不拌勻。

7. 最後加入米果、攪拌 3 秒不拌勻。

8. 牛軋糖取出，放在噴過油的耐熱塑膠袋揉至均勻，再放在糖果盤裡 平，放涼即可切片。

一個平底鍋＋一個攪拌鍋 — 難易度 ★★★ — 巧克力米果牛軋糖

✂ 1500g 牛軋糖　　🍽 常溫約 20 天

靜岡抹茶牛軋糖
Matcha Nougat

牛軋糖本身就是高糖含量的糖果,因此我加入大量的抹茶粉來中和牛軋糖的甜味。

材料 (g)

材料	g
蛋白霜粉	50
細砂糖①	50
飲用水①	50
細砂糖②	200
透明麥芽	720
鹽	8
飲用水②	80
無鹽奶油	100
全脂奶粉	60
日本丸山靜岡抹茶粉	50
熟花生仁	300

事 先 準 備

✔ 1 個 2.5 台斤糖果盤，上面放上 1 張噴好烤盤油的耐熱塑膠袋。

✔ 1 支烘焙用電子溫度計。

✔ 熟花生仁放入 100℃烤箱保溫備用。

✔ 無鹽奶油放置室溫軟化備用。

✔ 奶粉、抹茶粉一起過篩混合均勻。

Leah 的貼心小提醒

◆ 如果使用手持式電動打蛋器，建議做食譜的一半量就好，因為手持電動打蛋器無法一次做這麼多的牛軋糖。

◆ 如果沒有蛋白霜粉，可以將食譜中的蛋白霜粉與 40g 飲用水替換成殺菌蛋白液 50g。

◆ 如果牛軋糖太硬，表示糖漿溫度太高，下次製作時需降低溫度，反之，如果牛軋糖太軟，表示糖漿溫度不夠，下次製作時需升高溫度。

在攪拌鍋放入蛋白霜粉、細砂糖①、飲用水①，高速打發。

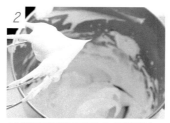

最後要打發至蛋白霜堅挺。

蛋白霜打發的同時，在平底鍋放入細砂糖②、透明麥芽、鹽、飲用水②。

放入溫度計，煮至 128 ～ 129℃。

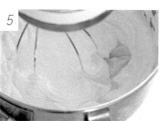

將熱糖漿慢慢倒入攪拌鍋中，攪拌至紋路明顯約 5 分鐘，再慢速邊打邊加入軟化無鹽奶油。

等奶油完全吸收後，一次加入全脂奶粉攪拌 5 秒不拌勻。

最後加入熟花生仁、攪拌 3 秒不拌勻。

牛軋糖取出，放在噴過油的耐熱塑膠袋揉至均勻，再放在糖果盤裡　平，放涼即可切片。

✂ 1500g 牛軋糖　　🍽 常溫約 20 天

養生低糖黎麥綜合堅果牛軋糖
Quinoa Nougat

赤藻糖醇是一種天然甜味劑，幾乎沒有熱量，甜度只有細砂糖的 70% 左右。我將原本食譜裡的細砂糖全部用赤藻糖醇取代，不僅大大減少熱量，而且加上黎麥粉更加健康。

材料（g）

材料	重量
蛋白霜粉	50
飲用水①	50
赤藻糖醇①	50
赤藻糖醇②	300
透明麥芽	600
鹽	8
飲用水②	100
無鹽奶油	100
黎麥粉	100
熟花生片	100
杏仁粒	100
1/2 核桃	100

事 先 準 備

✔ 1 個 2.5 台斤糖果盤，上面放上 1 張噴好烤盤油的耐熱塑膠袋。

✔ 1 支烘焙用電子溫度計。

✔ 杏仁粒與 1/2 核桃放入烤箱上下火 160℃烘烤約 30 分鐘，再與熟花生粒一起放入 100℃烤箱保溫備用。

✔ 無鹽奶油放置室溫軟化備用。

Leah 的貼心小提醒

◆ 如果使用手持式電動打蛋器，建議做食譜的一半量就好，因為手持電動打蛋器無法一次做這麼多的牛軋糖。

◆ 如果沒有蛋白霜粉，可以將食譜中的蛋白霜粉與 40g 飲用水替換成殺菌蛋白液 50g。

◆ 如果牛軋糖太硬，表示糖漿溫度太高，下次製作時需降低溫度，反之，如果牛軋糖太軟，表示糖漿溫度不夠，下次製作時需升高溫度。

1 在攪拌鍋放入蛋白霜粉、飲用水①，高速打發至起泡，分次加入赤藻糖醇①。

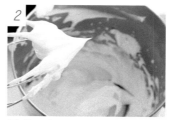
2 最後要打發至蛋白霜堅挺。

3 蛋白霜打發的同時，在平底鍋放入赤藻糖醇②、透明麥芽、鹽、飲用水②。

4 放入溫度計，煮至 128～129℃。

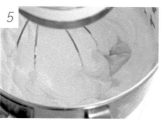
5 將熱糖漿慢慢倒入攪拌鍋中，攪拌至紋路明顯約 5 分鐘，再慢速邊打邊加入軟化無鹽奶油。

6 等奶油完全吸收後，一次加入黎麥粉攪拌 5 秒不拌勻。

7 最後加入熟花生片、杏仁粒、1/2 核桃攪拌 3 秒不拌勻。

8 牛軋糖取出放在噴過油的耐熱塑膠袋揉至均勻，再放在糖果盤裡擀平，放涼即可切片。

采鴻

純粹天然

天然色素的專家

品質源自於
40年來的堅持~

包裝方式: 15g/盒、45g/罐、120g/罐

鴻元生技
DAY SPRING BIOTECH CO.LTD.

since 1974

通過ISO22000 & HACCP 認證
通過Kosher & Halal等國際認證

紅麴
栀子綠
栀子紫
栀子藍
栀子紅
黃栀子
蘿蔔紅

*印刷圖片皆有色差，僅供參

Baking 01

邱獻勝老師的
烘焙教室

七大單元 ✕ 101 道無私分享的配方

滿懷熱情的投入廚房，享受這空間的香氣，「成功與失敗」我們都欣然接受，而廚房外的時光，每一個相遇，都是緣份。

「邱獻勝師傅的烘焙天地」在吵吵鬧鬧的機器運轉聲中，陪伴大家，走過四季。

作者：邱獻勝、馮寶琴、鍾昆富
定價：480 元

Baking 04

家庭麵包夢工廠

6 大單元 ✕ 42 款麵包

專業不失趣味，簡單卻不繁瑣，兼具專業與趣味性的溫度食譜，人氣名店「WUMAI 烘焙本舖」主廚

——黃宗辰

前原麥山丘創始主廚、直播千萬點閱率麵包職人

——林育瑋

強強聯手，重棒出擊。甜麵包年度鉅作！

我們熱切地、真摯地，想與更多人分享麵包的美好。為了傳遞這份意念；反覆的討論、思考、調整，方才鋪出這一幅麵包繪卷。

作者：黃宗辰、林育瑋
定價：420 元

國家圖書館出版品預行編目（CIP）資料

莉雅的法式甜點教室 / 莉雅 Leah Huh 著 . -- 一版 . -- 新北市：優品文化，2021. 06；168 面；19x26 公分 . --（Baking；6）
ISBN 978-986-5481-07-0（平裝）

1. 點心食譜

427. 16   110008290

Baking : 6

莉雅的法式甜點教室

One Pan & Mixing Bowl Desserts

作　　　者	莉雅 Leah Huh
總 編 輯	薛永年
美 術 總 監	馬慧琪
文 字 編 輯	董書宜
美 術 編 輯	李育如、黃頌哲
攝　　　影	蕭德洪

出 版 者　優品文化事業有限公司
　　　　　地址：新北市新莊區化成路 293 巷 32 號
　　　　　電話：(02) 8521-2523 ／ 傳真：(02) 8521-6206
　　　　　信箱：8521service@gmail.com
　　　　　（如有任何疑問請聯絡此信箱洽詢）

印　　　刷　鴻嘉彩藝印刷股份有限公司

業 務 副 總　林啓瑞 0988-558-575

總 經 銷　大和書報圖書股份有限公司
　　　　　地址：新北市新莊區五工五路 2 號
　　　　　電話：(02) 8990-2588 ／ 傳真：(02) 2299-7900

網 路 書 店　www.books.com.tw 博客來網路書店

出 版 日 期　2021 年 6 月
版　　　次　一版一刷
定　　　價　380 元

上優好書網

FB 粉絲專頁

LINE 官方帳號

Youtube 頻道

Printed in Taiwan